现代农业园区标准化（绿色食品）

生产技术

史永晖 马 村 郭守鹏 张 栋 主编

中国农业科学技术出版社

图书在版编目（CIP）数据

现代农业园区标准化（绿色食品）生产技术／史永晖主编．—北京：
中国农业科学技术出版社，2018.12

ISBN 978-7-5116-4003-1

Ⅰ.①现… Ⅱ.①史… Ⅲ.①农业园区-蔬菜园艺-标准化-中国
Ⅳ.①S63-65

中国版本图书馆CIP数据核字（2018）第288235号

责任编辑 穆玉红
责任校对 马广洋

出 版 者   中国农业科学技术出版社
          北京市中关村南大街12号   邮编：100081
电   话   （010）82106638（编辑室）   （010）82109702（发行部）
          （010）82109709（读者服务部）
传   真   （010）82106650
网   址   http：//www.castp.cn
经 销 者   各地新华书店
印 刷 者   北京建宏印刷有限公司
开   本   710mm×1 000mm   1/16
印   张   11
字   数   320千字
版   次   2018年12月第1版   2018年12月第1次印刷
定   价   46.00元

本书编委会

序

现代农业园区是以绿色生产+技术示范为主要特点,以科技开发、示范、辐射和推广为主要内容,以促进区域农业结构调整和产业升级为目标。不断拓宽园区建设的范围,打破形式上单一的工厂化、大棚栽培模式,把围绕农业科技在不同生产主体间能发挥作用的各种形式,以及围绕主导产业、优势区域促进农民增收的各种类型都纳入园区建设范围。

自 2009 年开始,按照"面上提升、点上突破、分类建设、梯次推进"的原则,济南市现代农业园区建设成效显著,有力促进了济南市农业结构调整和农业向企业化、产业化和现代化转变,带动了园区周边农民收入的提高。"十二五"期间,在济南市委、市政府的领导下,全市各级积极作为、扎实工作,现代农业建设取得显著成效,例如农业综合生产能力迈上新台阶、农业物质技术装备水平明显提高、生态循环农业建设长足发展等,初步形成了具有济南特色的现代农业发展模式,为"十三五"加快推进农业现代化奠定了坚实的基础。

一是高起点规划,经营管理日趋规范。各园区聘请规划专家和技术专家,对园区建设进行了科学规划,园区内各功能分区明确科学,做到了高起点规划,高标准设计。如济南市现代都市农业精品园,建有双梁钢架结构高标准日光温室 28 座;主要种植济南名特优蔬菜(如商河彩椒、垛石番茄、曲堤黄瓜等),农业生产科技含量逐步提高,主要开展新品种、新技术、新设备的试验、示范及推广;建有智能温室 1 座——采用农业物联网自动化控制、双层真空玻璃、通道顶全打开通风方式等几十处国内首创设计,为智能温室的建设与发展起到示范、引领作用,主要承担农耕文化和农业新技术的展示体验,兼顾科普和旅游功能。

二是高科技含量,生产功能日趋增强。应用生物技术、信息技术等现代科技,建设资本、技术、设施设备高度密集的现代化、智能化、精准化高科技设施农业,实现农业生产的标准化、可控化和工业化,展示现代高科技农业的风采。如济南市现代园艺科技示范园,整个园区可分为工厂化育苗、生态休闲区、特色采摘区、有机种植区四大版块,实现了工厂化育苗、现代化连栋温室种植。

三是高档次接待，生活功能日趋完善。园区观光产品丰富，设施齐备，餐饮、娱乐、住宿等接待场所逐步完善，标准档次较高，观光活动、游客参与性、体验性项目丰富多彩，提高了园区知名度和影响力。在游览管理上逐步规范，有的园区配备了专门讲解员，如济南市第一个出售门票的现代农业园区——黄河湾生态园，年接待游客达 6 万人次，年经营收入达到 800 余万元，年利润 150 余万元，成为周边渔业生产的集散地和示范园，有力地带动了周边农民增收致富。

四是高标准绿化，园区生态功能日趋优化。现代园区主要以构筑生态循环系统，维护生态平衡，防止环境污染，优化、美化、净化城市环境为主要功能，为市民提供了良好的生活环境。各园区基本实现了园林式绿化，配套建设沼气池、光伏发电等，实现了生态型生产。如章丘市百脉泉生态农业观光区，与百脉泉生态湿地有机结合，突出生态农业特色，打造荷香园、稻香园、草莓采摘园、农家体验园、花卉苗木园五大园区，定期举办百脉泉稻荷飘香文化节等，吸引大量游客前往。

下一步，济南市将深化农业供给侧结构性改革，加快新旧动能转换；依托现代农业产业技术体系创新团队，增强科技支撑能力，实现产学研结合；打造一支有文化、懂技术、会经营的新型职业农民队伍，为济南市现代农业发展和新农村建设提供强有力的人才智力支撑；支持有条件的乡村建设，以农民合作社为主要载体，创建融循环农业、创意农业、农事体验于一体的田园综合体，让农民充分参与和受益。

为更好地总结现代农业园区的成功经验和标准化生产经营模式，指导推进济南市现代农业园区的标准化生产和发展，我们组织农业科技专家编写了《现代农业园区标准化生产（蔬菜）技术汇编》。本书概述了济南市农业高新技术开发区现代农业园区的发展模式，精选了部分优势蔬菜产品的绿色生产技术标准，对农业园区的蔬菜标准化生产进行推广，紧密结合济南市现代农业园区的发展实际，以国家和农业行业标准为依据，简明扼要阐释了标准化生产的具体操作标准，具有较高的权威性和实用价值，是广大农技推广人员、各类新型农业生产经营主体必备的工具书。

目　录

第一章　绿色食品概述及准则

第一节　绿色食品概述

1　绿色食品的概念

绿色食品是指在无污染的条件下种植、养殖，施有机肥料，不用高毒性、高残留农药，在标准环境、生产技术、卫生标准下加工生产，经权威机构认定并使用专门标识的安全、优质、营养类食品的统称。

1990 年 5 月，中国农业部*正式规定了绿色食品的名称、标准及标志。标准规定：①产品或产品原料的产地必须符合绿色食品的生态环境标准；②农作物种植、畜禽词养、水产养殖及食品加工必须符合绿色食品的生产操作规程；③产品必须符合绿色食品的质量和卫生标准；④产品的标签必须符合中国农业部制定的《绿色食品标志设计标准手册》中的有关规定。绿色食品的标志为绿色正圆形图案，上方为太阳，下方为叶片与蓓蕾，标志的寓意为保护。

在许多国家，绿色食品又有着许多相似的名称或叫法，诸如"生态食品""自然食品""蓝色天使食品""健康食品""有机农业食品"等。由于在国际上，对于保护环境和与之相关的事业已经习惯冠以"绿色"的字样，所以，为了突出这类食品产自良好的生态环境和严格的加工程序，在中国统一被称作"绿色食品"。

---

* 2018 年 4 月后统称为农业农村部

2 绿色食品所具备的条件

（1）产品或产品原料产地必须符合绿色食品生态环境质量标准。

（2）农作物种植、畜禽饲养、水产养殖及食品加工必须符合绿色食品生产操作规程。

（3）产品必须符合绿色食品标准。

（4）产品的包装、贮运必须符合绿色食品包装贮运标准。

3 绿色食品标准

绿色食品标准是由农业部发布的推荐性农业行业标准（NY/T），是绿色食品生产企业必须遵照执行的标准。

绿色食品标准分为两个技术等级，即 AA 级绿色食品标准和 A 级绿色食品标准。绿色食品标准以"从土地到餐桌"全程质量控制理念为核心，由以下四个部分构成：

——绿色食品产地环境标准，即《绿色食品　产地环境质量》（NY/T 391）

——绿色食品生产技术标准

——绿色食品产品标准

——绿色食品包装、贮藏运输标准

4 绿色食品的产生

第二次世界大战以后，欧美和日本等发达国家在工业现代化的基础上，先后实现了农业现代化。这一方面大大丰富了这些国家的食品供应，另一方面也出现了严重的问题，就是随着农用化学物质源源不断、大量地向农田中输入，造成有害化学物质通过土壤和水体在生物体内富集，并且通过食物链进入农作物和畜禽体内，导致食物污染，最终损害人体健康。可见，过度依赖化学肥料和农药的农业（也叫作"石油农业"），会对环境、资源以及人体健康构成危害，并且这种危害具有隐蔽性、累积性和长期性的特点。

1962 年，美国的雷切尔·卡逊女士以密歇根州东兰辛市为消灭伤害榆树的甲虫所采取的措施为例，披露了杀虫剂 DDT 危害其他生物的种种情况。该市大量用 DDT 喷洒树木，树叶在秋天落在地上，蠕虫吃了树叶，大地回春后知更鸟吃了蠕虫，一周后全市的知更鸟几乎全部死亡。卡逊女士在《寂静的春天》一书中写道："全世界广泛遭受治虫药物的污染，化学药品已经侵入万物赖以生存的水中，渗入土壤，并且在植物上布成一层有害的薄膜……已经对人体产生严重的危害。除此之外，还有可怕的后遗祸患，可能几年内无法查出，甚至可能对遗传有影响，几个世代都无法察觉。"卡逊女士的论断无疑给全世界敲响了警钟。

20世纪70年代初，由美国扩展到欧洲和日本的旨在限制化学物质过量投入，以保护生态环境和提高食品安全性的"有机农业"思潮影响了许多国家。一些国家开始采取经济措施和法律手段，鼓励、支持本国无污染食品的开发和生产。自1992年联合国在里约热内卢召开的环境与发展大会后，许多国家从农业着手，积极探索农业可持续发展的模式，以减缓石油农业给环境和资源造成的严重压力。欧洲、美国、日本和澳大利亚等发达国家和一些发展中国家纷纷加快了生态农业的研究。在这种国际背景下，我国决定开发无污染、安全、优质的营养食品，并且将它们定名为"绿色食品"。

5　绿色食品的分级标准

在绿色食品申报审批过程中，中国绿色食品发展中心主要以A级绿色食品认证为主要工作。本书中所提的绿色食品生产技术标准均为A级绿色食品。其定义为如下。

A级绿色食品系指在生态环境质量符合规定的产地、生产过程中允许限量使用限定的化学合成物质，按特定的生产操作规程生产、加工，产品质量及包装经检测、检查符合特定标准，并经专门机构认定，许可使用A级绿色食品标志的产品。A级绿色食品在生产过程中允许限量使用限定的化学合成物质。

6　绿色食品产品的包装、装潢及商品的标签

绿色食品的包装、装潢应符合《绿色食品标志设计标准手册》的要求，得到绿色标志使用权的单位，应将绿色食品标志用于产品的内外包装。《手册》对绿色食品标志的标准图形、标准字体、图形与字体的规范组织、标准色、广告用语及用于食品系列化包装的标准图形、编号规范作了严格规定，同时列举了应用示例。

消费者怎样从包装识别绿色食品？凡是绿色食品产品的包装必须做到：

① "绿色食品的四位一体"，即标志图形、"绿色食品"文字、编号及防伪标签；②AA级绿色食品标志底色为白色，标志与标准字体为绿色；而A级绿色食品的标志底色为绿色，标志与标准字体为白色；③ "产品编号"正后或正下方写上"经中国绿色食品发展中心许可使用绿色食品标志"文字，其英文规范为 "Certified Chinese Green Food Product"；④绿色食品包装标签应符合国家《食品标签通用标准》（GB 7718-94）。标准中规定食品标签上必须标注以下几方面的内容：食品名称；配料表；净含量及固形物含量；制造者、销售者的名称和地址；日期标志（生产日期、保质期）和储藏指南；质量（品质等级）；产品标准号；特殊标注内容。

绿色食品标志：是由中国绿色食品发展中心在国家工商行政管理局商标局正式注册的质量证明商标。绿色食品标志由三部分构成，即上方的太阳、下方的叶片和中心的蓓蕾。标志为正圆形，意为保护。整个图形描绘了一幅明媚阳光照耀下的和谐生机，告诉人们绿色食品正是出自纯净、良好生态环境的安全无污染食品，能给人们带来蓬勃的生命力。绿色食品标志还提醒人们要保护环境，通过改善人与环境的关系，创造自然界新的和谐。

第二节　绿色食品　产地环境质量 NY/T 391—2013

绿色食品是指产自优良生态环境、按照绿色食品标准生产、实行全程质量控制并获得绿色食品标志使用权的安全、优质食用农产品及相关产品。发展绿色食品，要遵循自然规律和生态学原理，在保证农产品安全、生态安全和资源安全的前提下，合理利用农业资源，实现生态平衡、资源利用和可持续发展的长远目标。

产地环境是绿色食品生产的基本条件，NY/T 391—2000对绿色食品产地环境的空气、水、土壤等制定了明确要求，为绿色食品产地环境的选择和持续利用发挥了重要指导作用。近年来，随着生态环境的变化，环境污染重点有所转移，同时标准应用过程中也遇到一些新问题，因此有必要对NY/T 391—2000进行修订。

本次修订坚持遵循自然规律和生态学原理，强调农业经济系统和自然生态系统的有机循环。修订过程中主要依据国内外各类环境标准，结合绿色食品生产实际情况，辅以大量科学实验验证，确定不同产地环境的监测项目及限量值，并重点突出绿色食品生产对土壤肥力的要求和影响，修订后的标准将更加规范绿色食品产地环境选择和保护，满足绿色食品安全优质的要求。

1　范围

本标准规定了绿色食品产地的术语和定义、生态环境要求、空气质量要求、水质要求、土壤质量要求。

本标准适用于绿色食品生产。

2　规范性引用文件

下列文件对本文件的应用是必不可少的，凡是注日期的引用文件，仅注日期的版本适用于本文件。凡是不注日期的引用文件，其最新版本（包括所有的修改单）适用于本文件。

GB/T 5750.4　　生活饮用水标准检验方法　感官性状和物理指标

GB/T 5750.5　　生活饮用水标准检验方法　无机非金属指标

GB/T 5750.6　　生活饮用水标准检验方法　金属指标

GB/T 5750.12　生活饮用水标准检验方法　微生物指标

GB/T 6920　　　水质 pH 值的测定　玻璃电极法

GB/T 7467　　　水质　六价铬的测定　二苯碳酰二肼分光光度法

GB/T 7475　　　水质　铜、锌、铅、镉的测定　原子吸收分光光度法

GB/T 7484　　　水质　氟化物的测定　离子选择电极法

GB/T 7485　　　水质　总砷的测定　二乙基二硫代氨基甲酸银分光光度法

GB/T 7489　　　水质　溶解氧的测定　碘量法

GB/T 11914　　水质　化学需氧量的测定　重铬酸盐法

GB/T 12763.4　海洋调查规范

GB/T 15432　　环境空气　总悬浮颗粒物的测定　重量法

GB/T 17138　　土壤质量　铜、锌的测定　火焰原子吸收分光光度法

GB/T 17141　　土壤质量　铅、镉的测定　石墨炉原子吸收分光光度法

GB/T 22105.1　土壤质量　总汞、总砷、总铅的测定　原子荧光法
　　　　　　　　　第一部分：土壤中总汞的测定

GB/T 22105.2　土壤质量　总汞、总砷、总铅的测定　原子荧光法

第二部分：土壤中总砷的测定

HJ 479　　　环境空气　氮氧化物（一氧化氮和二氧化氮）的测定
　　　　　　　盐酸萘乙二胺分光光度法

HJ 480　　　环境空气　氟化物的测定　滤膜采样氟例子选择电极法

HJ 482　　　环境空气　二氧化硫的测定　甲醛吸收-副玫瑰苯
　　　　　　　胺分光光度法

HJ 491　　　土壤　总铬的测定　火焰原子吸收分光光度法

HJ 503　　　水质　挥发酚的测定 4-氨基安替比林分光光度法

HJ 505　　　水质　五日生化需氧量（BOD_5）的测定
　　　　　　　稀释与接种法

HJ 597　　　水质　总汞的测定　冷原子吸收分光光度法

HJ 637　　　水质　石油类和动植物油类的测定　红外分光光度法

LY/T 1233　森林土壤有效磷的测定

LY/T 1236　森林土壤速效钾的测定

LY/T 1243　森林土壤阳离子交换量的测定

NY/T 53　　土壤全氮测定法（半微量开氏法）

NY/T 1121.6　土壤检测

NY/T 1377　土壤 pH 值的测定

SL 355　　　水质　粪大肠菌群的测定-多管发酵法

3　术语和定义

下列术语和定义适用于本文件。

环境空气标准状态（ambient air standard state）

指温度为 273 K，压力为 101.325kPa 时的环境空气状态。

4　生态环境要求

绿色食品生产一个选择生态环境良好、无污染的地区，远离工矿区和公路、铁路干线，避开污染源。

应在绿色食品和常规生产区域之间设置有效的缓冲带或物理屏障，以防止绿色食品生产基地受到污染。

建立生物栖息地，保护基因多样性、物种多样性和生态系统多样性，以维持生态平衡。

应保证基地具有可持续生产能力，不对环境或周边其他生物产生污染。

5　空气质量要求

应符合表1的要求。

表1　空气质量要求（标准状态）

项目	指标		检测方法
	日平均 a	一小时 b	
总悬浮颗粒物，mg/m³	≤0.30		GB/T 15432
二氧化硫，mg/m³	≤0.15	≤0.50	HJ 482
二氧化氮，mg/m³	≤0.08	≤0.20	HJ 479
氟化物，ug/m³	≤7	≤20	HJ 480

a 日平均指任何一日的平均指标

b 一小时指任何一小时的指标

6　水质要求

（1）农田灌溉水质要求。农田灌溉用水，包括水培蔬菜和水生植物，应符合表2的要求。

表2　农田灌溉水质要求

项　目	指　标	检测方法
pH 值	5.5~8.5	GB/T 6920
总汞，mg/L	≤0.001	HJ 597
总镉，mg/L	≤0.005	GB/T 7475
总砷，mg/L	≤0.05	GB/T 7485
总铅，mg/L	≤0.1	GB/T 7475
六价铬，mg/L	≤0.1	GB/T 7467
氟化物，mg/L	≤2.0	GB/T 7484
化学需氧量（CODcr），mg/L	≤60	GB 11914
石油类，mg/L	≤1.0	HJ 637
粪大肠菌群 a，个/L	≤10 000	SL 355

a 灌溉蔬菜、瓜类和草本水果的地表水需测粪大肠菌群，其他情况不测粪大肠菌群

（2）渔业水质要求。渔业用水应符合表3的要求。

表3 渔业水质要求

项　目	指　标		检测方法
	淡　水	海　水	
色、臭、味	不应有异色、异臭、异味		GB/T 5750.4
pH 值	6.5~9.0		GB/T 6920
溶解氧，mg/L	>5		GB/T 7489
生化需氧量（BODs）	≤5	≤3	HJ 505
总大肠菌群，MPN/100mL	≤500（贝类50）		GB/T 5750.12
总汞，mg/L	≤0.0005	≤0.0002	HJ 597
总镉，mg/L	≤0.05		GB/T 7475
总铅，mg/L	≤0.05	≤0.005	GB/T 7475
总铜，mg/L	≤0.01		GB/T 7475
总砷，mg/L	≤0.05	≤0.03	GB/T 7485
六价铬，mg/L	≤0.1	≤0.01	GB/T 7467
挥发酚，mg/L	≤0.005		HJ 503
石油类，mg/L	≤0.05		HJ 637
活性磷酸盐（以 P 计）mg/L	-	≤0.03	GB/T 12763.4

水中漂浮物质需要满足水面不应出现油膜或浮沫要求

（3）畜禽养殖用水要求。畜禽养殖用水，包括养蜂用水，应符合表4的要求。

表4 畜禽养殖用水要求

项　目	指　标	检测方法
色度 a	≤15，并不应呈现其他异色	GB/T 5750.4
浑浊度 a（散射浑浊度单位）	≤3	GB/T 5750.4
臭和味	不应有异臭、异味	GB/T 5750.4
肉眼可见物 a	不应含有	GB/T 5750.4
pH 值	6.5~8.5	GB/T 5750.4
氟化物，mg/L	≤1.0	GB/T 5750.5
氰化物，mg/L	≤0.05	GB/T 5750.5
总砷，mg/L	≤0.05	GB/T 5750.6
总汞，mg/L	≤0.001	GB/T 5750.6
总镉，mg/L	≤0.01	GB/T 5750.6
六价铬，mg/L	≤0.05	GB/T 5750.6
总铅，mg/L	≤0.05	GB/T 5750.6

（续表）

项 目	指 标	检测方法
菌落总数，CFU/mL	≤100	GB/T 5750.12
总大肠菌群，MPN/100mL	不得检出	GB/T 5750.12

a 散养模式免测该指标。

（4）加工用水要求。加工用水包括食用菌生产用水、食用盐生产用水等，应符合表5的要求。

表5　加工用水要求

项 目	指 标	检测方法
pH 值	6.5~8.5	GB/T 5750.4
总汞，mg/L	≤0.001	GB/T 5750.6
总砷，mg/L	≤0.01	GB/T 5750.6
总镉，mg/L	≤0.005	GB/T 5750.6
总铅，mg/L	≤0.01	GB/T 5750.6
六价铬，mg/L	≤0.05	GB/T 5750.6
氰化物，mg/L	≤0.05	GB/T 5750.5
氟化物，mg/L	≤1.0	GB/T 5750.5
菌落总数，CFU/mL	≤100	GB/T 5750.12
总大肠菌群，MPN/100mL	不得检出	GB/T 5750.12

（5）食用盐原料水质要求。食用盐原料水包括海水、湖盐或井矿盐天然卤水，应符合表6的要求。

表6　食用盐原料水质要求

项 目 （mg/L）	指 标	检测方法
总汞	≤0.001	GB/T 5750.6
总砷	≤0.03	GB/T 5750.6
总镉	≤0.005	GB/T 5750.6
总铅	≤0.01	GB/T 5750.6

7 土壤质量要求

（1）土壤环境质量要求。按土壤耕作方式的不同分为旱田和水田两大类，每类又根据土壤 pH 值的高低分为三种情况，即 pH 值<6.5、6.5≤pH 值≤7.5、pH 值>7.5。应符合表 7 的要求。

表 7　土壤质量要求

项　目	旱　田			水　田			检测方法
	pH 值< 6.5	6.5≤pH 值 ≤7.5	pH 值> 7.5	pH 值< 6.5	6.5≤pH 值 ≤7.5	pH 值> 7.5	NY/T 1377
总镉，mg/kg	≤0.30	≤0.30	≤0.40	≤0.30	≤0.30	≤0.40	GB/T 17141
总汞，mg/kg	≤0.25	≤0.30	≤0.35	≤0.30	≤0.40	≤0.40	GB/T 22105.1
总砷，mg/kg	≤25	≤20	≤20	≤20	≤20	≤15	GB/T 22105.2
总铅，mg/kg	≤50	≤50	≤50	≤50	≤50	≤50	GB/T 17141
总铬，mg/kg	≤120	≤120	≤120	≤120	≤120	≤120	HJ 491
总铜，mg/kg	≤50	≤60	≤60	≤50≤	60	≤60	GB/T 17138

注1：果园土壤中铜限量值为旱田中铜限量值的 2 倍。

注2：水旱轮作的标准值取严不取宽。

注3：底泥按照水田标准执行。

（2）土壤肥力要求。土壤肥力按照表 8 划分。

表 8　土壤肥力分级指标

项　目	级　别	旱　地	水　田	菜　地	园　地	牧　地	检测方法
有机质，g/kg	I	>15	>20	>30	>20	>20	NY/T 1121.6
	II	10~15	20~25	20~30	15~20	15~20	
	III	<10	<20	<20	<15	<15	
全氮，g/kg	I	>1.0	>1.2	>1.2	>1.0	—	NY/T 53
	II	0.8~1.0	1.0~1.2	1.0~1.2	0.8~1.0	—	
	III	<10	<20	<20	<15	—	
有效磷，mg/kg	I	>10	>15	>40	>10	>10	LY/T 1233
	II	5~10	10~15	20~40	5~10	5~10	
	III	<5	<10	<20	<5	<5	
速效钾，mg/kg	I	>120	>100	>150	>100	—	LY/T 1236
	II	80~120	50~100	100~150	50~100	—	
	III	<80	<50	<100	<50	—	
阳离子交换量， cmol（+）/kg	I	>20	>20	>20	>20	—	LY/T 1243
	II	15~20	15~20	15~20	15~20	—	
	III	<15	<15	<15	<15	—	

注：底泥、食用菌栽培基质不做土壤肥力检测

（3）食用菌栽培基质质量要求。土培食用菌栽培基质按 7.1 执行，其他栽培基质应符合表 9 的要求。

表9 食用菌栽培基质要求

项 目 (mg/kg)	指 标	检测方法
总汞	≤0.1	GB/T 22105.1
总砷	≤0.8	GB/T 22105.2
总镉	≤0.3	GB/T 17141
总铅	≤35	GB/T 17141

第三节 绿色食品 农药使用准则
NT/T 393—2013

　　绿色食品是指产自优良生态环境、按照绿色食品标准生产、实行全程质量控制并获得绿色食品标志使用权的安全、优质食用农产品及相关产品。规范绿色食品生产中的农药使用行为，是保证绿色食品符合性的一个重要方面。

　　NY/T 393—2000 在绿色食品的生产和管理中发挥了重要作用。但10多年来，国内外在安全农药开发等方面的研究取得了很大进展，有效促进了农药的更新换代；且农药风险评估技术方法、评估结论以及使用规范等方面的相关标准法规也出现了很大的变化。同时，随着绿色食品产业的发展，对绿色食品的认识趋于深化，在此过程中积累了很多实际经验。为了更好地规范绿色食品生产中的农药使用，有必要对 NY/T 393—2000 进行修订。

　　本次修订充分遵循了绿色食品对优质安全、环境保护和可持续发展的要求，将绿色食品生产中的农药使用更严格地限于农业有害生物综合防治的需要，并采用准许清单制进一步明确允许使用的农药品种。允许使用农药清单的制定以国内外权威机构的风险评估数据和结论为依据，按照低风险原则选择农药种类，其中，化学合成农药筛选评估时采用的慢性膳食摄入风险安全系数比国际上的一般要求提高5倍。

1 范围

　　本标准规定了绿色食品生产和仓储中有害生物防治原则、农药选用、农药用规范和绿色食品农药残留要求。

　　本标准适用于绿色食品的生产和仓储。

2　规范性引用文件

下列文件对于本文件的应用是必不可少的。凡是注日期的引用文件，仅注日期的版本适用于本文件。凡是不注日期的引用文件，其最新版本（包括所有的修改单）适用于本文件。

GB 2763　　　　　　　食品安全国家标准　食品中农药最大残留限量

GB/T 8321　　　　　　（所有部分）　农药合理使用准则

GB 12475　　　　　　 农药贮运、销售和使用的防毒规程

NY/T 391　　　　　　 绿色食品　产地环境质量

NY/T 1667　　　　　　（所有部分）　农药登记管理术语

3　术语和定义

NY/T 1667 界定的及下列术语和定义适用于本文件。

（1）AA 级绿色食品。产地环境质量符合 NY/T 391 的要求，遵照绿色食品生产标准生产，生产过程中遵循自然规律和生态学原理，协调种植业和养殖业的平衡，不使用化学合成的肥料、农药、兽药、渔药、添加剂等物质，产品质量符合绿色食品产品标准，经专门机构许可使用绿色食品标志的产品。

（2）A 级绿色食品。产地环境质量符合 NY/T 391 的要求，遵照绿色食品生产标准生产，生产过程中遵循自然规律和生态学原理，协调种植业和养殖业的平衡，限量使用限定的化学合成生产资料，产品质量符合绿色食品产品标准，经专门机构许可使用绿色食品标志的产品。

4　有害生物防治原则

绿色食品生产中有害生物的防治应遵循以下原则。

（1）以保持和优化农业生态系统为基础：建立有利于各类天敌繁衍和不利于病虫草害滋生的环境条件，提高生物多样性，维持农业生态系统的平衡；

（2）优先采用农业措施：如抗病虫品种、种子种苗检疫、培育壮苗、加强栽培管理、中耕除草、耕翻晒垡、清洁田园、轮作倒茬、间作套种等；

（3）尽量利用物理和生物措施：如用灯光、色彩诱杀害虫，机械捕捉害虫，释放害虫天敌，机械或人工除草等；

（4）必要时合理使用低风险农药：如没有足够有效的农业、物理和生物

措施，在确保人员、产品和环境安全的前提下按照有关规定，配合使用低风险的农药。

5 农药选用

（1）所选用的农药应符合相关的法律法规，并获得国家农药登记许可。

（2）应选择对主要防治对象有效的低风险农药品种，提倡兼治和不同作用机理农药交替使用。

（3）农药剂型宜选用悬浮剂、微囊悬浮剂、水剂、水乳剂、微乳剂、颗粒剂、水分散粒剂和可溶性粒剂等环境友好型剂型。

（4）AA 级绿色食品生产应按照相关规定选用农药及其他植物保护产品。

（5）A 级绿色食品生产应按照相关规定，优先从表 A.1 中选用农药。在表 A.1 所列农药不能满足有害生物防治需要时，还可适量使用表 A.2 所列的农药。

6 农药使用规范

（1）应在主要防治对象的防治适期，根据有害生物的发生特点和农药特性，选择适当的施药方式，但不宜采用喷粉等风险较大的施药方式。

（2）应按照农药产品标签或 GB/T 8321 和 GB 12475 的规定使用农药，控制施药剂量（或浓度）、施药次数和安全间隔期。

7 绿色食品农药残留要求

（1）绿色食品生产中允许使用的农药，其残留量应不低于 GB 2763 的要求。

（2）在环境中长期残留的国家明令禁用农药，其再残留量应符合 GB 2763 的要求。

（3）其他农药的残留量不得超过 0.01mg/kg，并应符合 GB 2763 的要求。

8. 绿色食品生产允许使用的农药和其他植保产品清单

AA 级和 A 级绿色食品生产均允许使用的农药和其他植保产品清单，见表 A.1

现代农业园区标准化（绿色食品）生产技术

表 A.1　AA 级和 A 级绿色食品生产均允许使用的农药和其他植保产品清单

类　别	组分名称	备　注
I. 植物 和动 物 来源	楝素（苦楝、印楝等提取物，如印楝素等）	杀虫
	天然除虫菊素（除虫菊科植物提取液）	杀虫
	苦参碱及氧化苦参碱（苦参等提取物）	杀虫
	蛇床子素（蛇床子提取物）	杀虫、杀菌
	小檗碱（黄连、黄柏等提取物）	杀菌
	大黄素甲醚（大黄、虎杖等提取物）	杀菌
	乙蒜素（大蒜提取物）	杀菌
	苦皮藤素（苦皮藤提取物）	杀虫
	藜芦碱（百合科藜芦属和喷嚏草属植物提取物）	杀虫
	桉油精（桉树叶提取物）	杀虫
	植物油（如薄荷油、松树油、香菜油、八角茴香油）	杀虫、杀螨、 杀真菌、抑制发芽
	寡聚糖（甲壳素）	杀菌、植物生长调节
	天然诱集和杀线虫剂（如万寿菊、孔雀草、芥子油）	杀线虫
	天然酸（如食醋、木醋和竹醋等）	杀菌
	菇类蛋白多糖（菇类提取物）	杀菌
	水解蛋白质	引诱
	蜂蜡	保护嫁接和修剪伤口
	明胶	杀虫
	具有驱避作用的植物提取物（大蒜、薄荷、辣椒、花椒、薰衣草、柴胡、艾草的提取物）	驱避
	害虫天敌（如寄生蜂、瓢虫、草蛉等）	控制虫害
II. 微生 物 来源	真菌及真菌提取物（白僵菌、轮枝菌、木霉菌、耳霉菌、淡紫拟青霉、金龟子绿僵菌、寡雄腐霉菌等）	杀虫、杀菌、杀线虫
	细菌及细菌提取物（苏云金芽孢杆菌、枯草芽孢杆菌、蜡质芽孢杆菌、地衣芽孢杆菌、多黏类芽孢杆菌、荧光假单胞杆菌、短稳杆菌等）	杀虫、杀菌
	病毒及病毒提取物（核型多角体病毒、质型多角体病毒、颗粒体病毒等）	杀虫
	多杀霉素、乙基多杀菌素	杀虫
	春雷霉素、多抗霉素、井冈霉素、（硫酸）链霉素、嘧啶核苷类抗菌素、宁南霉素、申嗪霉素和中生菌素	杀菌
	S-诱抗素	植物生长调节
III. 生物 化学 产物	氨基寡糖素、低聚糖素、香菇多糖	防病
	几丁聚糖	防病、植物生长调节
	苄氨基嘌呤、超敏蛋白、赤霉酸、羟烯腺嘌呤、三十烷醇、乙烯利、吲哚丁酸、吲哚乙酸、芸苔素内酯	植物生长调节

（续表）

类 别	组分名称	备 注
IV. 矿物 来源	石硫合剂	杀菌、杀虫、杀螨
	铜盐（如波尔多液、氢氧化铜等）	杀菌，每年铜使用量不能超过 $6kg/hm^2$
	氢氧化钙（石灰水）	杀菌、杀虫
	硫黄	杀菌、杀螨、驱避
	高锰酸钾	杀菌，仅用于果树
	碳酸氢钾	杀菌
	矿物油	杀虫、杀螨、杀菌
	氯化钙	仅用于治疗缺钙症
	硅藻土	杀虫
	黏土（如斑脱土、珍珠岩、蛭石、沸石等）	杀虫
	硅酸盐（硅酸钠，石英）	驱避
	硫酸铁（3价铁离子）	杀软体动物
V. 其他	氢氧化钙	杀菌
	二氧化碳	杀虫，用于贮存设施
	过氧化物类和含氯类消毒剂（如过氧乙酸、二氧化氯、二氯异氰尿酸钠、三氯异氰尿酸等）	杀菌，用于土壤和培养基质消毒
	乙醇	杀菌
	海盐和盐水	杀菌，仅用于种子（如稻谷等）处理
	软皂（钾肥皂）	杀虫
	乙烯	催熟等
	石英砂	杀菌、杀螨、驱避
	昆虫性外激素	引诱，仅用于诱捕器和散发皿内
	磷酸氢二铵	引诱，只限用于诱捕器中使用

注1：该清单每年都可能根据新的评估结果发布修改单；

注2：国家新禁用的农药自动从该清单中删除

A 级绿色食品生产允许使用的其他农药清单

当表 A.1 所列农药和其他植保产品不能满足有害生物防治需要时，A 级绿色食品生产还可按照农药产品标签或 GB/T 8321 的规定使用下列农药。

——杀虫剂

1）S-氰戊菊酯　esfenvalerate

2）吡丙醚　pyriproxifen

3）吡虫啉　imidacloprid

4）吡蚜酮　pymetrozine

5）丙溴磷　profenofos

6）除虫脲　diflubenzuron

7）啶虫脒　acetamiprid

8）毒死蜱　chlorpyrifos

9）氟虫脲　flufenoxuron

10）氟啶虫酰胺　flonicamid

11）氟铃脲　hexaflumuron

12）高效氯氰菊酯　beta-cypermethrin

13）甲氨基阿维菌素苯甲酸盐　emamectin benzoate

14）甲氰菊酯　fenpropathrin

15）抗蚜威　pirimicarb

16）联苯菊酯　bifenthrin

17）螺虫乙酯　spirotetramat

18）氯虫苯甲酰胺　chlorantraniliprole

19）氯氟氰菊酯　cyhalothrin

20）氯菊酯　permethrin

21）氯氰菊酯　cypermethrin

22）灭蝇胺　cyromazine

23）灭幼脲　chlorbenzuron

24）噻虫啉　thiacloprid

25）噻虫嗪　thiamethoxam

26）噻嗪酮　buprofezin

27）辛硫磷　phoxim

28）茚虫威　indoxacard

——杀螨剂

1）苯丁锡　fenbutatin oxide

2）喹螨醚　fenazaquin

3）联苯肼酯　bifenazate

4）螺螨酯　spirodiclofen

5）噻螨酮　hexythiazox

6）四螨嗪　clofentezine

7）乙螨唑　etoxazole

8）唑螨酯　fenpyroximate

——杀软体动物剂

1）四聚乙醛　metaldehyde

——杀菌剂

1）吡唑醚菌酯 pyraclostrobin

2）丙环唑 propiconazol

3）代森联 metriam

4）代森锰锌 mancozeb

5）代森锌 zineb

6）啶酰菌胺 boscalid

7）啶氧菌酯 picoxystrobin

8）多菌灵 carbendazim

9）噁霉灵 hymexazol

10）噁霜灵 oxadixyl

11）粉唑醇 flutriafol

12）氟吡菌胺 fluopicolide

13）氟啶胺 fluazinam

14）氟环唑 epoxiconazole

15）氟菌唑 triflumizole

16）腐霉利 procymidone

17）咯菌腈 fludioxonil

18）甲基立枯磷 tolclofos-methyl

19）甲基硫菌灵 thiophanate-methyl

20）甲霜灵 metalaxyl

21）腈苯唑 fenbuconazole

22）腈菌唑 myclobutanil

23）精甲霜灵 metalaxyl-M

24）克菌丹 captan

25）醚菌酯 kresoxim-methyl

26）嘧菌酯 azoxystrobin

27）嘧霉胺 pyrimethanil

28）氰霜唑 cyazofamid

29）噻菌灵 thiabendazole

30）三乙膦酸铝 fosetyl-aluminium

31）三唑醇 triadimenol

32）三唑酮 triadimefon

33）双炔酰菌胺 mandipropamid

34）霜霉威　propamocarb

35）霜脲氰　cymoxanil

36）萎锈灵　carboxin

37）戊唑醇　tebuconazole

38）烯酰吗啉　dimethomorph

39）异菌脲　iprodione

40）抑霉唑　imazalil

——熏蒸剂

1）棉隆　dazomet

2）威百亩　metam-sodium

——除草剂

1）甲4氯　MCPA

2）氨氯吡啶酸　picloram

3）丙炔氟草胺　flumioxazin

4）草铵膦　glufosinate-ammonium

5）草甘膦　glyphosate

6）敌草隆　diuron

7）噁草酮　oxadiazon

8）二甲戊灵　pendimethalin

9）二氯吡啶酸　clopyralid

10）二氯喹啉酸　quinclorac

11）氟唑磺隆　flucarbazone-sodium

12）禾草丹　thiobencarb

13）禾草敌　molinate

14）禾草灵　diclofop-methyl

15）环嗪酮　hexazinone

16）磺草酮　sulcotrione

17）甲草胺　alachlor

18）精吡氟禾草灵　fluazifop-P

19）精喹禾灵　quizalofop-P

20）绿麦隆　chlortoluron

21）氯氟吡氧乙酸（异辛酸）　fluroxypyr

22）氯氟吡氧乙酸异辛酯　fluroxypyr-mepthyl

23）麦草畏　dicamba

24）咪唑喹啉酸　imazaquin

25）灭草松　bentazone

26）氰氟草酯　cyhalofop butyl

27）炔草酯　clodinafop-propargyl

28）乳氟禾草灵　lactofen

29）噻吩磺隆　thifensulfuron-methyl

30）双氟磺草胺　florasulam

31）甜菜安　desmedipham

32）甜菜宁　phenmedipham

33）西玛津　simazine

34）烯草酮　clethodim

35）烯禾啶　sethoxydim

36）硝磺草酮　mesotrione

37）野麦畏　tri-allate

38）乙草胺　acetochlor

39）乙氧氟草醚　oxyfluorfen

40）异丙甲草胺　metolachlor

41）异丙隆　isoproturon

42）莠灭净　ametryn

43）唑草酮　carfentrazone-ethyl

44）仲丁灵　butralin

——植物生长调节剂

1）2，4-滴　2，4-D（只允许作为植物生长调节剂使用）

2）矮壮素　chlormequat

3）多效唑　paclobutrazol

4）氯吡脲　forchlorfenuron

5）萘乙酸　1-naphthal acetic acid

6）噻苯隆　thidiazuron

7）烯效唑　uniconazole①

————————

① 注1：该清单每年都可能根据新的评估结果发布修改单；

注2：国家新禁用的农药自动从该清单中删除

第四节　绿色食品　肥料使用准则
NY/T 394—2013

　　绿色食品是指产自优良生态环境、按照绿色食品标准生产、实行全质量控制并获得绿色食品标志使用权的安全、优质食用农产品及相关产品。

　　合理使用肥料是保障绿色食品生产的重要环节，同时也是保护生态环境，提升农田肥力的重要措施。绿色食品的发展对生产用肥提出了新的要求，现有标准已经不适用生产需求。本标准在原标准基础上进行了修订，对肥料使用方法做了更详细的规定。

　　本标准按照保护农田生态环境、促进农业持续发展、保证绿色食品安全的原则，规定优先使用有机肥料，减控化学肥料，不用可能含有安全隐患的肥料。本标准的实施将对指导绿色食品生产中的肥料使用发挥重要作用。

1　范围

　　本标准规定了绿色食品生产中肥料使用原则、肥料种类及使用规定。
　　本标准适用于绿色食品的生产。

2　规范性引用文件

　　下列文件对于本文件的应用是必不可少的。凡是注日期的引用文件，仅注日期的版本适用于本文件。凡是不注日期的引用文件，其最新版本（包括所有的修改单）适用于本文件。

GB 20287	农用微生物菌剂
NY/T 391	绿色食品　产地环境质量
NY 525	有机肥料
NY/T 798	复合微生物肥料
NY 884	生物有机肥

3　术语和定义

　　下列术语和定义适用于本文件。

3.1 AA 级绿色食品 AA grade green food

产地环境质量符合 NY/T 391 的要求，遵照绿色食品生产标准生产，生产过程中遵循自然规律和生态学原理，协调种植业和养殖业的平衡，不使用化学合成的肥料、农药、兽药、渔药、添加剂等物质，产品质量符合绿色食品产品标准，经专门机构许可使用绿色食品标志的产品。

3.2 A 级绿色食品 A grade green food

产地环境质量符合 NY/T 391 的要求，遵照绿色食品生产标准生产，生产过程中遵循自然规律和生态学原理，协调种植业和养殖业的平衡，限量使用限定的化学合成生产资料，产品质量符合绿色食品产品标准，经专门机构许可使用绿色食品标志的产品。

3.3 农家肥料 farmyard manure

就地取材，主要由植物和（或）动物残体、排泄物等富含有机物的物料制作而成的肥料。包括秸秆肥、绿肥、厩肥、堆肥、沤肥、沼肥、饼肥等。

（1）秸秆 stalk。以麦秸、稻草、玉米秸、豆秸、油菜秸等作物秸秆直接还田作为肥料。

（2）绿肥 green manure。新鲜植物体作为肥料就地翻压还田或异地施用。主要分为豆科绿肥和非豆科绿肥两大类。

（3）厩肥 barnyard manure。圈养牛、马、羊、猪、鸡、鸭等畜禽的排泄物与秸秆等垫料发酵腐熟而成的肥料。

（4）堆肥 compost。动植物的残体、排泄物等为主要原料，堆制发酵腐熟而成的肥料。

（5）沤肥 waterlogged compost。动植物残体、排泄物等有机物料在淹水条件下发酵腐熟而成的肥料。

（6）沼肥 biogas fertilizer。动植物残体、排泄物等有机物料经沼气发酵后形成的沼液和沼渣肥料。

（7）饼肥 cake fertilizer。含油较多的植物种子经压榨去油后的残渣制成的肥料。

3.4 有机肥料 organic fertilizer

主要来源于植物和（或）动物，经过发酵腐熟的含碳有机物料，其功能是改善土壤肥力、提供植物营养、提高作物品质。

3.5 微生物肥料 microbial fertilizer

含有特定微生物活体的制品，应用于农业生产，通过其中所含微生物的生命活动，增加植物养分的供应量或促进植物生长，提高产量，改善农产品品质及农业生态环境的肥料。

3.6 有机-无机复混肥料 organic-inorganic compound fertilizer

含有一定量有机肥料的复混肥料。

注：其中复混肥料是指，氮、磷、钾三种养分中，至少有两种养分标明量的由化学方法和（或）掺混方法制成的肥料。

3.7 无机肥料 inorganic fertilizer

主要以无机盐形式存在，能直接为植物提供矿质营养的肥料。

3.8 土壤调理剂 soil amendment

加入土壤中用于改善土壤的物理、化学和（或）生物性状的物料，功能包括改良土壤结构、降低土壤盐碱危害、调节土壤酸碱度、改善土壤水分状况、修复土壤污染等。

4 肥料使用原则

（1）持续发展原则。绿色食品生产中所使用的肥料应对环境无不良影响，有利于保护生态环境，保持或提高土壤肥力及土壤生物活性。

（2）安全优质原则。绿色食品生产中应使用安全、优质的肥料产品，生产安全、优质的绿色食品。肥料的使用应对作物（营养、味道、品质和植物抗性）不产生不良后果。

（3）化肥减控原则。在保障植物营养有效供给的基础上减少化肥用量，兼顾元素之间的比例平衡，无机氮素用量不得高于当季作物需求量的一半。

（4）有机为主原则。绿色食品生产过程中肥料种类的选取应以农家肥料、有机肥料、微生物肥料为主，化学肥料为辅。

5 可使用的肥料种类

5.1 AA 级绿色食品生产可使用的肥料种类

可使用 3.3、3.4、3.5 规定的肥料。

5.2 A 级绿色食品生产可使用的肥料种类

除 5.1 规定的肥料外，还可使用 3.6、3.7 规定的肥料及 3.8。

6 不应使用的肥料种类

（1）添加有稀土元素的肥料。

（2）成分不明确的、含有安全隐患成分的肥料。

（3）未经发酵腐熟的人畜粪尿。

（4）生活垃圾、污泥和含有害物质（如毒气、病原微生物、重金属等）的工业垃圾。

（5）转基因品种（产品）及其副产品为原料生产的肥料。

（6）国家法律法规规定不得使用的肥料。

7　使用规定

7.1　AA级绿色食品生产用肥料使用规定

（1）应选用5.1所列肥料种类，不应使用化学合成肥料。

（2）可使用农家肥料，但肥料的重金属限量指标应符合NY 525要求，粪大肠菌群数、蛔虫卵死亡率应符合NY 884要求。宜使用秸秆和绿肥，配合施用具有生物固氮、腐熟秸秆等功效的微生物肥料。

（3）有机肥料应达到NY 525技术指标，主要以基肥施入，用量视地力和目标产量而定，可配施农家肥料和微生物肥料。

（4）微生物肥料应符合GB 20287或NY 884或NY/T 798标准要求，可与5.1所列其他肥料配合施用，用于拌种、基肥或追肥。

（5）无土栽培可使用农家肥料、有机肥料和微生物肥料，掺混在基质中使用。

7.2　A级绿色食品生产用肥料使用规定

（1）应选用5.2所列肥料种类。

（2）农家肥料的使用按7.1.2规定执行。耕作制度允许情况下，宜利用秸秆和绿肥，按照约25∶1的比例补充化学氮素。厩肥、堆肥、沤肥、沼肥、饼肥等农家肥料应完全腐熟，肥料的重金属限量指标应符合NY 525要求。

（3）有机肥料的使用按7.1.3规定执行。可配施5.2所列其他肥料。

（4）微生物肥料的使用按7.1.4规定执行。可配施5.2所列其他肥料。

（5）有机-无机复混肥料、无机肥料在绿色食品生产中作为辅助肥料使用，用来补充农家肥料、有机肥料、微生物肥料所含养分的不足。减控化肥用量，其中无机氮素用量按当地同种作物习惯施肥量减半使用。

（6）根据土壤障碍因素，可选用土壤调理剂改良土壤。

第二章 绿色食品日光温室
生产技术操作规程

第一节 绿色食品 黄瓜日光温室
生产技术操作规程

1 范围

本标准规定了 A 级绿色食品日光温室黄瓜栽培的产地环境条件、品种选择、产量指标、栽培技术、病虫防治及农药肥料使用。

2 引用标准

下列标准所包含的条文，通过在本标准中引用而构成为本标准的条文。本标准出版时，所示版本均为有效。所有标准都会被修订，使用本标准的各方应探讨使用下列标准最新版本的可能性。

NY/T 391—2013 绿色食品 产地环境质量
NY/T 393—2013 绿色食品 农药使用准则
NY/T 394—2013 绿色食品 肥料使用准则

3 产地环境

3.1 立地条件
选择空气清新，没有工业厂矿污染的地块。产地环境符合绿色食品产地

环境质量标准（NY/T 391—2013）。

3.2　土壤要求

前茬为非葫芦科蔬菜作物，土壤耕作层深厚，地势平坦，排灌方便，土壤结构适宜，理化性状良好，有机质含量高，土壤中有效氮、磷、钾的含量水平高，有益微生物菌群丰富、活跃的中性或微酸性壤土、棕壤土或潮土。

4　品种选择

选用优质、高产、抗病、抗虫、抗逆性强、适应性广、商品性好的黄瓜品种，不得使用转基因品种。种子质量符合国家标准要求。砧木品种为黑籽或白籽南瓜。种子纯度≥95%，净度≥98%，发芽率≥95%。

5　育苗

5.1　育苗设施选择

穴盘育苗应配有温室，设有防虫、遮阳设施。高锰酸钾对育苗设施（温室、穴盘）进行消毒处理，创造适合秧苗生长发育的环境条件。

5.2　育苗基质及配比

常用的育苗基质有草炭、蛭石、珍珠岩、牛粪等。配方为：草炭：珍珠岩（粒径3mm）：蛭石＝6：3：1，夏秋季育苗多加蛭石，保持水分，冬季育苗多加珍珠岩，加速水分蒸发。配制前先将草炭过筛，再将三者按以上比例混合均匀，每立方米坐瓜基质加1kg氮、磷、钾含量均为15%的三元复合肥，同时喷施50%多菌灵500倍液或每立方米坐瓜基质加苗菌敌（80~100）g，进行基质灭菌消毒，然后将配好的基质用塑料薄膜密封一周后使用。

5.3　育苗穴盘的选择及装盘

黄瓜育苗选用50孔苗盘，装盘用的基质含水量达到手握成团、落地即散为宜。装盘时，以基质恰好填满育苗盘的孔穴为宜，基质要疏松，不能压实，亦不能中空。

5.4　播种期

越冬茬黄瓜播种期为8月上中旬。在黄瓜适播期内，砧木（即黑籽南瓜）的播期为：靠接法比黄瓜晚播5~7天；插接法比黄瓜早播4~5天。

5.5　播种量

根据定植密度，每亩（1亩≈666.7m²，全书同）栽培面积育苗用种量150g左右。

5.6 种子处理

将种子晾晒后，放在清水中漂去秕籽，搓洗净种子表面黏液，捞出后放在 55℃的温水中浸泡 15 分钟，不断搅拌，待水温降到 30℃时，再继续浸种 4~5 小时，捞出沥干水后放入 50% 的多菌灵 500 倍液中浸种 30 分钟或用福尔马林 300 倍液浸种 30 分钟或 10% 的磷酸三钠浸种 10 分钟，捞出冲洗干净后放在 25~28℃的条件下保湿催芽 15 小时，每 4~6 小时用清水淘洗一次，当 85% 的种子露白时即可播种。

5.7 播种方法

将催好芽的种子播到浇透温水的穴盘，一穴一种，种芽平放，播种深度为（5~8）mm，播后均匀覆盖一层蛭石，然后喷小水，喷水程度以水渗至孔穴的 2/3 为宜。

5.8 催芽

将播种浇水后的育苗盘摞叠在一起，一般（8~10）个苗盘为一摞，其下垫空盘，以保持苗盘内的适宜湿度及通气度，用地膜覆盖好，放入遮荫处催芽，催芽温度为（25~30)℃，一般（4~5）天出芽。

5.9 摆盘

出苗后即可摆放在育苗床上，然后喷小水，基质偏干燥的苗盘适量多喷水，以保证出苗整齐。

5.10 嫁接前管理

播种覆土后床面覆盖地膜。苗出土前苗床气温白天 25~30℃，夜间 16~20℃。当幼苗出土时，揭去床面地膜。苗出齐后，在苗床内撒 0.3cm 厚半干的细土。出土后至第一片真叶展开，保持白天苗床气温 24~28℃，夜间 15~17℃。

5.11 嫁接

嫁接前将手和工具等在 70% 的酒精中消毒后即可嫁接。嫁接后苗床 3 天内不通风，苗床气温白天保持在 25~28℃，夜间 18~20℃；空气湿度保持 90%~95%。3 天后视苗情，以不萎蔫为度进行短时间少量通风，以后逐渐加大通风。一周后接口愈合，即可逐渐揭去草苫，并开始大通风。

6 苗期管理

当子叶出土时，要及时揭开地膜，同时喷施一次百菌清或多菌灵药剂，以预防立枯病、猝倒病等苗期病害。对于直播在沙盘或苗床上的种子，出苗后即可往分苗床内移植。黄瓜秧苗出土后，即可采取降温降湿措施，以防徒长。如发现戴帽苗，可以再覆盖 1.0~1.5cm 厚细沙土；如床土太湿，可撒些干土或细炉灰吸湿，温度控制在 25℃ 左右。当秧苗一叶一心时，即为花芽分化期，这时要满足低温短日照的要求，气温保持在 20~22℃，地温保持在 16℃，每天 8~10 小时的短日照，以利于雌花分化。经过一周时间，花芽分化结束，才可倒苗分苗。每次移苗前都要浇足底水，移苗后要保持高温高湿，温度保持在 25~28℃，土壤潮湿，以利缓苗；缓苗后降温降湿，以防徒长，一般白天气温控制在 20℃ 左右，夜间 15℃。

根据苗子长势，可喷施叶面肥或采取降温降湿措施进行蹲苗，同时蹲苗期间可采取"点水诱根"措施，以促壮苗；黄瓜根系木栓化比较早，断根后不易再生，因此一般不分苗；在定植前一周应进行低温炼苗，但应防止"闪苗"，以提高苗子的抗逆性，缩短缓苗期。

7　壮苗标准

苗龄在 30 天左右，株高 15~20cm，子叶完好，茎基粗、叶色浓绿；下胚轴 2~3cm；3~4 片叶，根系发达，整株秧苗坚韧有弹性，没有病虫害或机械损伤。

8　定植

8.1　整地施基肥

8.2　棚室消毒

定植前 20 天左右进行高温闷棚，施肥后灌水，盖棚后密封 10~15 天，能有效杀死空气中和耕土层内的病菌和虫害。或者每亩棚室用硫黄粉 2~3kg，拌上锯末分堆点燃，密闭熏蒸一昼夜，放风，无味时使用。

8.3　定植时间

一般 8 月下旬至 9 月中旬定植。

8.4　定植方法及密度

定植前喷施一次百菌清或多菌灵药液，并浇足底水，尽可能保持土坨完整，以防伤根。在温室内定植，必须选冷尾暖头的晴天中午进行。定植采用大垄（畦）双行、内紧外松的方法，这样既有利于通风透光，又便于田间作业。每畦栽两行，小行距 45cm，株距 30cm，每亩 4 000 株左右。采用水稳苗法（暗水法）定植，栽的深度应稍露土坨，要求嫁接苗切口处不可有土，水渗下后及时封埯。

9 田间管理

9.1 冬季管理

（1）温湿度管理：定植后缓苗前不通风，保持白天棚温 28~30℃，夜间 15~18℃。若遇晴暖天气，中午可用草苫适当遮荫。缓苗后至结瓜前，以锻炼植株为主，白天棚温 25~28℃，夜间 12~15℃，中午前后不要超过 30℃。此期间要加强通风散湿，夜间可在棚顶留通风口。进入结瓜期，棚温需按变温管理，8—13 时，棚内气温控制在 25~30℃，超过 28℃时放风；13—17 时，25~20℃；17—24 时，20~15℃；0—8 时，15~12℃。深冬季节（即 12 月下旬至 2 月中旬）及阴天，光照较差时，可适当降低温度指标。深冬季节外界温度低，可在中午前后短时间通风，以降湿、换气。

（2）不透明覆盖物的管理：不透明覆盖物的管理与棚室的光温条件密切相关。上午揭苫的适宜时间，以揭开草苫后棚内气温无明显下降为准。晴天时，阳光照到棚面时及时揭开草苫。下午棚温降至 20℃左右时盖苫。深冬季节，草一苫可适当晚揭早盖。一般雨雪天，棚内气温只要不下降，就应揭开草苫。大雪天，揭苫后棚温会明显下降时，可在中午短时揭开或随揭随盖，连续阴天时，可于午前揭苫，午后早盖。久阴乍晴时，要陆续间隔揭开草苫，不能猛然全部揭开，以免叶面灼伤。揭苫后若植株叶片发生萎蔫，应再盖苫，待植株恢复正常，再间隔揭苫。

（3）肥水管理：定植至坐瓜前，不追肥。但可结合喷药，用 0.2%磷酸二氢钾加 0.2%尿素进行叶面喷肥 1~2 次。当植株有 9~10 片叶、留的第一瓜 10cm 时，施用催瓜肥，浇催瓜水，每亩冲施三元复合肥（15-15-15）30~35kg。春节前，每 12~15 天追肥一次，有机肥和氮、磷、钾复合肥交替追施，不用纯氮素化肥，可将氮、磷、钾复合肥 30~35kg 冲施。水分管理上，除结合追肥浇水外，从定植到深冬季节，以控为主，如黄瓜植株表现缺水现象，可浇水但适当缩短滴灌时间，下午提前盖苫，次日及以后几天加强通风。

（4）植株调整：7~8 节以下不留瓜，以促植株生长健壮。用尼龙绳或塑料绳吊蔓，"S"形绑蔓，使龙头离地面始终保持在 1.5~1.7m。随绑蔓将卷须、雄花及下部的侧枝去掉。深冬季节，对瓜码密、易坐瓜的品种，适当疏掉部分幼瓜或雌花。

9.2 春季管理

2 月下旬后，气温回升，黄瓜进入结瓜盛期，应加强管理。要重视通风，调节棚内温湿度，使温室内温度白天达到 28~30℃，夜间 14~16℃，温度过高时可通腰风和前后窗通风。当夜间最低温度达 15℃ 以上时，不再盖草苫，可昼夜通风。2 月下旬以后，黄瓜需肥水量增加，要适当增加浇水次数和浇水量。结合浇水，每 7 天左右冲施一次以钾肥为主、菌肥或微肥为辅的肥料，每次每亩用硫酸钾 15~20kg 或三元复合肥（15-15-15）20~30kg；也可用尿素 20~30kg，并与 300kg 腐熟鸡粪（粪水）或钾宝交替施用。后期可用 0.2%~0.3% 的尿素或磷酸二氢钾进行叶面追肥以壮秧防早衰。

黄瓜生长期内，应保持适宜的功能叶片数，每株留叶 12~15 片，底部的老黄叶片及时去掉，并进行落蔓，落下的秧蔓要有规律地盘绕在垄面上，防止脚踏或水浸。

10　不良环境对黄瓜植株和瓜条的影响

10.1　畸形瓜产生的原因

（1）尖嘴瓜：多数是未受精，而且单性结实力弱的雌花；有的则是因为果实膨大的前期营养不足，而中期以后营养转为正常的雌花。

（2）弯曲瓜：是由于受精不完全（子房的一边卵细胞受精），或因有外物阻挡所造成的。另外，则是由于生长素分配不均，以致瓜条弯向生长素少的一方。

（3）蜂腰瓜：是雌花授粉不完全，或瓜条膨大的中期营养不良造成的。

（4）瓜顶或瓜中间肥大：由于果实膨大初期或中期营养过剩，水分过大，随后水分、肥料供应又转为正常，因而出现瓜顶或瓜中间肥大现象。

（5）化瓜：由于植物生长势弱，营养不良，瓜条中途停止发育，则会出现化瓜。或遇到突然温度过低，或水肥过大，或激素过高过低，或开花量过大等情况，都易出现化瓜现象。

（6）苦味瓜：有的品种植株老化，或过熟的瓜条，或根部受伤的植株，或遇到高温、干旱或低温等情况，都会造成瓜味变苦。此外，施氮肥过多，或缺肥，或光照不足，也易使瓜味变苦。

10.2　温湿度异常对植株的影响

（1）子叶异常：子叶太薄、色浅，则为低温高湿的表现；子叶萎蔫，则为夜间温度过低的表现；子叶边缘黄白，则为受风或低温影响；子叶前半部发黄，则是水大、低温造成的；子叶小而黄绿，则为营养不良或干旱的表现；子叶边缘上卷变白，则是短期低温的影响；子叶尖端下垂，则是受长期低温的影响；水分过多，则子叶先黄萎，后脱落，下部叶片黄化。

（2）真叶异常：夜温太低，营养无法向外输送，则会造成叶面凹凸不平，叶厚色深；闪苗或冻苗，则叶片萎蔫，呈水浸状，叶缘上卷变白干尖；遇到低温干旱，则真叶小而翠绿，叶卷叶尖易脱落；遇到低温高湿，则真叶鲜绿有光泽，叶尖长而叶基部凹陷，叶缘上翘；土温低而湿度大时，则叶片萎缩，下部叶黄易落，而且易烂根；夜间或阴天高温，则叶片大而茎长，雄花多化瓜，在早晨生长点呈黄绿色；遇到高温高湿，则叶片大而肉薄，叶柄长，胚轴细小，节间也长，徒长细弱；缺水肥或定植过晚（蹲苗过长），则茎蔓停长，并出现花打顶，叶片厚且色深，叶下垂；卷须呈弧形下垂，则表示缺水；卷细须而短卷呈钩状或圆形，则表示营养不良；某叶上只有卷须而无叶片，则表示温度过低。

11 病虫害防治

11.1 主要病虫害
主要病虫害：灰霉病、蚜虫等。

11.2 防治
按照"预防为主，综合防治"的植保方针，坚持以"农业防治、物理防治、生物防治为主，化学防治为辅"的无害化治理原则。

（1）农业防治。

抗病品种：针对当地主要病虫控制对象，选用高抗多抗的品种。

创造适宜的生育环境条件：培育适龄壮苗，提高抗逆性；深沟高畦，严防积水，清洁田园，做到有利于植株生长发育，避免侵染性病害发生。

耕作改制：与非瓜类作物轮作。

科学施肥：测土平衡施肥，增施充分腐熟的有机肥，少施化肥，防止土壤盐渍化。

（2）物理防治。

设施防护：覆盖防虫网和遮阳网，进行避雨、遮阳、防虫栽培，减轻病虫害的发生。

黄板诱杀：设施内悬挂黄板诱杀蚜虫等害虫。黄板规格25cm×30cm，每亩悬挂30~40块。

银灰膜驱避蚜虫：铺银灰色地膜或张挂银灰膜膜条避蚜。

（3）化学防治。

灰霉病：用50%的速克灵（腐霉利）可湿性粉剂50g/亩，稀释后喷雾进行防治，收获前14天停止使用农药。

蚜虫：用70%的啶虫脒水分散粒剂1.7~3.4g/亩，稀释后喷雾进行防治，收获前 2 天停止使用农药。

12 采收

适时早采摘根瓜,防止坠秧。及时分批采收,减轻植株负担,以确保商品果品质,促进后期果实膨大。日光温室黄瓜的产量一般每亩在 20 000kg。

第二节 绿色食品 番茄日光温室
生产技术操作规程

1 范围

本标准规定了 A 级绿色食品日光温室番茄栽培的产地环境条件、品种选择、产量指标、栽培技术、病虫防治及农药肥料使用。

2 引用标准

下列标准所包含的条文,通过在本标准中引用而构成为本标准的条文。本标准出版时,所示版本均为有效。所有标准都会被修订,使用本标准的各方应探讨使用下列标准最新版本的可能性。

NY/T 391—2013　　　绿色食品　产地环境质量
NY/T 393—2013　　　绿色食品　农药使用准则
NY/T 394—2013　　　绿色食品　肥料使用准则

3 产地环境

3.1 立地条件
选择空气清新,没有工业厂矿污染的地块。产地环境符合绿色食品产地环境质量标准（NY/T 391—2013）。

3.2 土壤要求
前茬为非茄果类蔬菜作物,耕作层深厚,地势平坦,排灌方便,土壤结构适宜，理化性状良好，有机质含量高，土壤中有效氮、磷、钾的含量水平高。以保水良好的壤土或黏壤土为宜，pH 值为 6.5。

4 品种选择

选用耐低温弱光的优良品种。种子纯度≥95%，净度≥98%，发芽率≥95%。

5 育苗

5.1 育苗设施选择

育苗应配有温室并设有防虫、遮阳等设施。并对育苗设施进行消毒处理，创造适合秧苗生长发育的环境条件。

5.2 育苗基质及配比

常用的育苗基质有草炭、蛭石、珍珠岩、牛粪等。配方为：草炭：珍珠岩（粒径 3mm）：蛭石=6：3：1，夏秋季育苗多加蛭石，保持水分，冬季育苗多加珍珠岩，加速水分蒸发。配制前先将草炭过筛，再将三者按以上比例混合均匀，每立方米坐瓜基质加 1kg 氮、磷、钾含量均为 15%的三元复合肥，同时喷施 50%多菌灵 500 倍液或每立方米坐瓜基质加苗菌敌（80～100）g，进行基质灭菌消毒，然后将配好的基质用塑料薄膜密封一周后使用。

5.3 育苗穴盘的选择及装盘

番茄育苗选用 102 孔苗盘，装盘用的基质含水量达到手握成团、落地即散为宜。装盘时，以基质恰好填满育苗盘的孔穴为宜，基质要疏松，不能压实，亦不能中空。

5.4 种子处理

播种前要对种子消毒和浸种催芽。将选好的种子放在报纸上在晴天室外晾晒（避开中午强光）5～6 小时，以提高种子发芽势，然后放入 55℃的温水中，并不停地搅拌，到温度逐渐降到 30℃停止搅拌，浸泡 5～6 个小时，取出后用手轻轻揉搓，搓掉种皮黏液，增强种子的吸水能力和透气性，然后将种子捞出冲洗干净进行催芽。

5.5 催芽

把经过消毒的种子，放在湿布中包好（湿布一定要经高温消毒），外面再包一湿麻袋片（或将种子盛在盆中，上覆湿布），置于 25～30℃条件下催芽。催芽期间，每天用 20～25℃的温水冲洗一遍，一般 2～3 天后，过半数种子露白时，即可播种。

5.6 播种日期

日光温室番茄越冬栽培一般在8月播种，苗龄在30天左右。

5.7 播种

将催好芽的种子播到浇透温水的穴盘，一穴一种，种芽平放，播种深度为5~8mm，播后均匀覆盖一层蛭石，然后喷小水，喷水程度以水渗至孔穴的2/3为宜。

5.8 催芽

将播种浇水后的育苗盘摞叠在一起，一般8~10个苗盘为一摞，其下垫空盘，以保持苗盘内的适宜湿度及通气度，用地膜覆盖好，放入遮荫处催芽，催芽温度为25~30℃，一般3~4天出芽。

5.9 摆盘

出苗后即可摆放在育苗床上，然后喷小水，基质偏干燥的苗盘适量多喷水，以保证出苗整齐。

5.10 苗期管理

出苗后，适当通风降温、排湿，使棚内气温控制在白天25~30℃，夜间10~15℃。越冬栽培育苗正值秋天，要用银白色遮阳网遮盖，即可减轻强光高温危害，又可避蚜、减少病毒病危害。同时要加强通风、透光，苗床见干见湿，注意防止苗子徒长。同时要注意防治病虫害，一般打1~2遍苗菌敌或绿享二号，防治苗期立枯病、猝倒病。当幼苗有2片真叶时进行间苗，剔除过密、细弱、畸形、戴帽、受伤、有病害和有虫口的劣苗及杂草。当幼苗长到5~6片叶时，管理要"因苗制宜"，如幼苗长得快、长得大，应以"控"为主，加大通风，控制浇水，抑制其生长；反之，则应加强管理，以"促"为主。定梢前一个星期要进行幼苗锻炼，增强抗逆性。

5.11 壮苗标准

壮苗株高15~18cm，子叶完整，茎秆粗壮，节间短；叶片5~6片，叶色深绿；根系布满基质，吸收根多；植株无病斑、无虫害、无机械损伤。

6 定植

6.1 定植前准备

前茬作物收获后要及时清理田地，深翻施足基肥，一般每亩施用充分腐熟的土杂肥5 000kg或者是腐熟的鸡粪15~20m³，氮磷钾复肥（15-15-15）50kg。同时施用钙、镧等中、微量元素肥。要进行高温闷棚以提高地温和杀灭分病虫害，闷棚一般在 10 天以上。

6.2 定植

温室越冬栽培在 8 月下旬至 9 月上旬，定植要选晴暖天气进行，要严格选苗、分级，保证秧苗整齐一致，便于日后管理。应尽量使苗带完整的土坨，这样伤根轻、缓苗快。密度可很据品种的特性来确定。推荐高畦模式：一般畦高 10~15cm。畦顶宽 60cm，畦沟宽 40cm，用宽 100~120cm 的地膜覆盖，提倡进行地膜全覆盖，有利于减少棚内湿度，降低病虫害的发生。每畦栽两行，行距 40cm，株距 30~40cm，开穴定植，一般每亩定植 2 000 株。定植后浇窝水，水渗后用细土封穴。

7 定植后的管理

7.1 缓苗前后的管理

缓苗前要保温、保湿、少放风、白天温度控制在 25~30℃，夜间保持 15~20℃。定植 5~7 天后，心叶开始生长，新根出现，则证明已经缓苗。缓苗后要进行蹲苗，通降温降湿，白天控制在 20~25℃，夜间 10~15℃并通过通风控水、中耕等措施降湿。一般蹲苗 10 天左右，蹲苗后茎粗叶厚，颜色黑绿、而且花蕾肥大。

7.2 结果期管理

（1）吊蔓。随着植株的生长和果实的膨大，都需要吊蔓，以防倒伏。定植后番茄生出 1~2 片新时开始吊蔓，吊蔓绳一端系在番茄基部，另一端系在南北走向的一道粗铁丝上，吊蔓时绳两端都打成活扣，以便随着植株生长调节绳的松紧。

（2）植株调整。整枝打杈、摘除老残病叶：一般采用单干整枝，整枝时要去掉侧枝和侧芽。因病毒病可通过汁液传播，在打杈过程中，要防止人为地传播病毒病，先打好的，再打病株（少的话可把病株拔掉）。中期以后因植株长高、长密，要摘除下部老叶、病叶，加强通风透光，过密的也可摘掉一部分影响基本枝及花序受光的叶片，原则上摘叶应控制在最少限度。

疏果、保花保果：一个果枝上如果实过多，既影响单果重，也使商品性变差。疏果宜选择在果实长到蚕豆大小时进行，大果型品种一般每穗留 3~4 个果，中果型品种般每穗留 5~8 个果，选择健壮、圆正，着生于向阳处的大果，不要留"对把果"。因温室内温、湿度控制、管理不当易造成落花落果，因此要注意保花保果，可使用防落素，不要使用 2，4-D 蘸花。

（3）肥水管理。每穗果开始膨大时追肥，一般每次每亩追施氮磷钾复合肥（15-15-15）20~25kg，或施腐熟粪肥500kg，或施腐熟饼肥80~100kg。拉秧前30天停止追肥，同时施用适当钙、锌、硼等中微量元素肥。

（4）温、湿度控制。由于番茄喜凉爽温度，特别是生长前期处在秋、冬季，昼夜温差大，注意白天要加强通风，使温度不超过30℃。中后期要注意保温，使棚内温度保持在白天25~28℃，夜间15~20℃，如湿度过大可在中午放顶风进行通风排湿，湿度过大易得病害；生长后期白天要控制在23~27℃，夜间13℃到17℃，4月中旬以后气温升高要注意加强通风，合理控制温、湿度。

8 病虫害防治

8.1 农业防治
选用抗病、耐病品种、实行轮作，增施磷钾肥，培育壮苗，及时防治蚜虫。苗期可喷洒植物生长促进剂2~3次、如保多收、丰产素等，特别是连阴天后的暗天早晨可喷洒糖氮液（白糖和尿素各0.3%浓度），有补充营养、促进健壮、增强抗病能力的作用。

8.2 物理防治
病毒株拔除要单独进行，然后用肥皂洗手，避免人为传毒。

8.3 化学防治
（1）晚疫病：用72%克露（霜脲·锰锌）80g/亩，稀释后喷雾进行防治，收获前30天停止使用农药。

（2）白粉虱：用70%的吡虫啉水分散粒剂3g/亩，稀释后喷雾进行防治，收获前30天停止使用农药。

9 采收

当果实充分膨大，由绿变黄或变红时，及时采收。也可根据运输需要在转色期采收，经过长途运输后，稍后熟即可食用。采收过早，人食用青皮番茄对人体有害；采收过晚，易受虫害，还会出现落果现象，影响产量和品质。

第三节 绿色食品 樱桃番茄日光温室
生产技术操作规程

1 范围

本标准规定了 A 级绿色食品日光温室樱桃番茄栽培的产地环境条件、品种选择、产量指标、栽培技术、病虫防治及农药肥料使用。

2 引用标准

下列标准所包含的条文，通过在本标准中引用而构成为本标准的条文。本标准出版时，所示版本均为有效。所有标准都会被修订，使用本标准的各方应探讨使用下列标准最新版本的可能性。

NY/T 391—2013　　　绿色食品　产地环境质量
NY/T 393—2013　　　绿色食品　农药使用准则
NY/T 394—2013　　　绿色食品　肥料使用准则

3 产地环境

3.1 立地条件
选择空气清新，没有工业厂矿污染的地块。产地环境符合绿色食品产地环境质量标准（NY/T 391—2013）。

3.2 土壤要求
前茬为非茄果类蔬菜作物，耕作层深厚，地势平坦，排灌方便，土壤结构适宜，理化性状良好，有机质含量高，土壤中有效氮、磷、钾的含量水平高，有益微生物菌群丰富、活跃的壤土。

4 品种选择

选用抗逆能力强的圣女、千禧、金珠、粉贝贝等优良品种。种子纯度 ≥

95%，净度≥98%，发芽率≥90%。

5 育苗

5.1 育苗设施选择

育苗温室应配有防虫、遮阳设施。并对育苗设施进行消毒处理，创造适合秧苗生长发育的环境条件。

5.2 育苗基质及配比

常用的育苗基质有草炭、蛭石、珍珠岩、牛粪等。配方为：草炭：珍珠岩（粒径 3mm）：蛭石 = 6：3：1，夏秋季育苗多加蛭石，保持水分，冬季育苗多加珍珠岩，加速水分蒸发。配制前先将草炭过筛，再将三者按以上比例混合均匀，每立方米坐瓜基质加 1kg 氮、磷、钾含量均为 15% 的三元复合肥，同时喷施 50% 多菌灵 500 倍液或每立方米坐瓜基质加苗菌敌（80~100）g，进行基质灭菌消毒，然后将配好的基质用塑料薄膜密封一周后使用。

5.3 育苗穴盘的选择及装盘

番茄育苗选用 102 孔苗盘，装盘用的基质含水量达到手握成团、落地即散为宜。装盘时，以基质恰好填满育苗盘的孔穴为宜，基质要疏松，不能压实，亦不能中空。

5.4 种子处理

播种前要对种子消毒和浸种催芽。将选好的种子放在报纸上在晴天室外晾晒（避开中午强光）5~6 小时，以提高种子发芽势，然后放入 55℃ 的温水中，并不停地搅拌，到温度逐渐降到 30℃ 停止搅拌，浸泡 5~6 个小时，取出后用手轻轻揉搓，搓掉种皮黏液，增强种子的吸水能力和透气性，然后将种子捞出冲洗干净进行催芽。

5.5 催芽

把经过消毒的种子，放在湿布中包好（湿布一定要经高温消毒），外面再包一湿麻袋片（或将种子盛在盆中，上覆湿布），置于 25~30℃ 条件下催芽。催芽期间，每天用 20~25℃ 的温水冲洗一遍，一般 2~3 天后，过半数种子露白时，即可播种。

5.6 播种日期

日光温室樱桃番茄越冬栽培一般在 8 月播种，苗龄在 30 天左右。

5.7 播种

将催好芽的种子播到浇透温水的穴盘，一穴一种，种芽平放，播种深度为 5~8mm，播后均匀覆盖一层蛭石，然后喷小水，喷水程度以水渗至孔穴的

2/3 为宜。

5.8 催芽

将播种浇水后的育苗盘摞叠在一起，一般 8~10 个苗盘为一摞，其下垫空盘，以保持苗盘内的适宜湿度及通气度，用地膜覆盖好，放入遮荫处催芽，催芽温度为 25~30℃，一般 3~4 天出芽。

5.9 摆盘

出苗后即可摆放在育苗床上，然后喷小水，基质偏干燥的苗盘适量多喷水，以保证出苗整齐。

6 苗期管理

出苗后，适当通风降温、排湿，使棚内气温控制在白天 25~30℃，夜间 10~15℃。越冬栽培育苗正值秋天，要用银白色遮阳网遮盖，即可减轻强光高温危害，又可避蚜、减少病毒病危害。同时要加强通风、透光，苗床见干见湿，注意防止苗子徒长。同时要注意防治病虫害，一般打 1~2 遍苗菌敌或绿享二号，防治苗期立枯病、猝倒病。当幼苗有 2 片真叶时进行间苗，剔除细弱、畸形、戴帽、受伤、有病害和有虫口的劣苗及杂草。当幼苗长到 5~6 片叶时，管理要"因苗制宜"，如幼苗长得快、长得大，应以"控"为主，加大通风，控制浇水，抑制其生长；反之，则应加强管理，以"促"为主。定梢前一个星期要进行幼苗锻炼，增强抗逆性。

7 壮苗标准

壮苗株高 15~18cm，子叶完整，茎秆粗壮，节间短；叶片 5~6 片，叶色深绿；根系布满基质，吸收根多；植株无病斑、无虫害、无机械损伤。

8 定植

8.1 定植时间

抗病毒病品种定植时间 8 月底、9 月初；不抗病毒病品种定植时间 10 月上旬为宜。

8.2 定植前准备

定植前，每亩施用 4 000kg 腐熟的优质农家肥和 40kg 磷酸二铵，50kg 硫酸钾复合肥（15-15-15），51%硫酸钾 30~40kg，钙、镁、锌等中微量元素肥

10~20 kg。深翻 25~30cm，耙平地面。整地后，按照宽 1m、高 30cm 的规格起垄，垄面耙耱平整，并铺好地膜，灌一次透水。定植方法采用明水定植，即先栽苗，后浇水。按照一垄双行的栽培方式，株行距为 30cm×60cm，单棚定植 2 000 株。定植一般选在晴天的下午进行，定植后及时灌水。

9 田间管理

9.1 控制温度

越冬期间温度低，应合理调整温度，白天控制在 25~28℃，夜间温度不低于 10℃；第一穗果进入膨大期后，昼夜温度掌握在 10~30℃，一般暗天上午达 28℃开始放风，傍晚气温降至 16℃关闭放风口；结果期降低夜温有利果实膨大，昼夜温差可加大到 15~20℃。遇阴雪天亦应适当放风换气排湿，并保持一定昼夜温差。

9.2 加强放风

结合温度管理进行放风，以达到排湿、换气、降温的目的。当室内空气湿度超过 75%时，极易发生真菌类病害。除地膜覆盖外，降低空气湿度主要靠科学放风。但是放风量过大室内温度又会随之下降，为保证光合作用所需要的较高温度，又能排出室内的湿气，必须采取上午少放风，使室内温度尽快达到要求，在适宜的高温条件下，光合产物增加，同时可使棚布上、叶面上的水珠汽化，此后打开通风口，在降温的同时，可迅速排除水汽，降低空气湿度，并换入新鲜空气。如遇阴天，室内虽达不到 28℃，到 13 时左右，也要开通风口，进行换气，增加室内氧气。当阳光不再照到透明屋顶，闭合通风口后，室内温度不再回升为原则。

9.3 肥水管理

樱桃番茄的特点是不耐肥，所以要严格掌握以水带肥、轻肥勤浇的原则。追肥也应视植株长势而定，当叶色浓绿，叶片卷曲等，表明肥力充足，相反，叶片变薄，叶色变浅，新出枝梢变细，下叶过早黄化等，表明肥力不足，应及时追肥。结果期间每 5~6 天浇一次水，要求见干见湿，采收期减少浇水以防裂果。在施足基肥的基础上，当每一穗果挂稳后要重追一次保果肥，以后结合果实的批量采收补充追肥 2~3 次。结果盛期，可叶面喷施 0.3%的磷酸二氢钾，并及时追施硫酸镁肥，25kg/亩 为宜，防止底部叶片变黄。

9.4 整枝、疏叶、留果

樱桃番茄在温室内生长迅速，当植株长至 30~40cm 时用尼龙绳吊蔓，随时落秧盘蔓。一般采取单干整枝，即保留主干上的花序，去除主干上发出的侧枝，并及时摘掉下部发黄的老叶和病叶，以减少养分消耗，增强透光性。樱桃番茄每穗开花结果较多，选留坐果良好的 20~30 个果即可，其余去掉。

10 病虫防治

樱桃番茄易发生的主要病虫害是早晚疫病、灰霉病、蚜虫、白粉虱等。采用以农业防治和物理防治为主，科学使用化学农药防治为辅的方法。

10.1 农业防治
重点要调整好棚内的温湿度，创造一个适合樱桃番茄生长而不适合病虫害发展的棚雪条件。

10.2 物理防治
可采用银灰色反光膜驱蚜，设置黄板诱蚜及白粉虱，加盖遮阳网、防虫网，杜绝外早害虫进入。

10.3 化学防治
参照温室番茄防治。

11 采收上市

秋冬期间樱桃番茄一般价格较高，因此要尽量延迟采收，赶在元旦、春节两大节日上市。春节过后，对于有限生长类型的品种，要及时拉秧，整理好温室，安排下一茬生产；对于无限生长类型的品种，如果植株长势较好，可让其继续生长，一直延迟到秧叶衰老，樱桃番茄一般每亩产量 5 000kg。

第四节 绿色食品 茄子日光温室生产技术操作规程

1 范围

本标准规定了 A 级绿色食品日光温室茄子栽培的产地环境条件、品种选择、产量指标、栽培技术、病虫防治及农药肥料使用。

2　引用标准

下列标准所包含的条文，通过在本标准中引用而构成为本标准的条文。本标准出版时，所示版本均为有效。所有标准都会被修订，使用本标准的各方应探讨使用下列标准最新版本的可能性。

NY/T 391—2013　　绿色食品　产地环境质量
NY/T 393—2013　　绿色食品　农药使用准则
NY/T 394—2013　　绿色食品　肥料使用准则

3　产地环境

3.1　立地条件
选择空气清新，没有工业厂矿污染的地块。产地环境符合绿色食品产地环境质量标准（NY/T 391—2013）。

3.2　土壤要求
前茬为非茄科蔬菜作物，土壤耕作土层深厚，地势平坦，排灌方便，土壤结构适宜，理化性状良好，有机质含量高，土壤中有效氮、磷、钾的含量水平高，有益微生物菌群丰富、活跃的中性或微酸性壤土或棕壤土。

4　种子选择

选用高产、抗病、抗虫、抗逆性强、适应性广、商品性好的茄子品种，拒绝使用转基因品种。

5　育苗

5.1　种子处理
将种子晾晒后，先用凉水浸泡4~5分钟，然后放入50℃温水中搅拌浸种巧分钟，捞出后用清水洗净，再用30℃的温水浸泡4~5小时，捞出沥干水后放入50%的多菌灵600倍液中浸泡30分钟，捞出冲洗干净后放在25~28℃的条件下保湿催芽，每4~6小时用清水淘洗一次，当80%的种子露白时即可播种。

5.2　培育壮苗
（1）育苗场地。育苗场地应与生产田隔离，用温室、阳畦或温床育苗。

（2）育苗基质及配比。常用的育苗基质有草炭、蛭石、珍珠岩、牛粪等。配方为：草炭∶珍珠岩（粒径 3mm）∶蛭石 = 6∶3∶1，夏秋季育苗多加蛭石，保持水分，冬季育苗多加珍珠岩，加速水分蒸发。配制前先将草炭过筛，再将三者按以上比例混合均匀，每立方米坐瓜基质加 1kg 氮、磷、钾含量均为 15% 的三元复合肥，同时喷施 50% 多菌灵 500 倍液或每立方米坐瓜基质加苗菌敌（80~100）g，进行基质灭菌消毒，然后将配好的基质用塑料薄膜密封一周后使用。

（3）育苗穴盘的选择及装盘。番茄育苗选用 50 或 72 孔苗盘，装盘用的基质含水量达到手握成团、落地即散为宜。装盘时，以基质恰好填满育苗盘的孔穴为宜，基质要疏松，不能压实，亦不能中空。

（4）播种。将催好芽的种子播到浇透温水的穴盘，一穴一种，种芽平放，播种深度为 5~8mm，播后均匀覆盖一层蛭石，然后喷小水，喷水程度以水渗至孔穴的 2/3 为宜。

（5）催芽。将播种浇水后的育苗盘摞叠在一起，一般 8~10 个苗盘为一摞，其下垫空盘，以保持苗盘内的适宜湿度及通气度，用地膜覆盖好，放入遮荫处催芽，催芽温度为 25~30℃，一般 5~7 天出芽。

（6）摆盘。出苗后即可摆放在育苗床上，然后喷小水，基质偏干燥的苗盘适量多喷水，以保证出苗整齐。

（7）加强苗期管理。当子叶出土时，要及时用 50% 多菌灵喷施一次，以预防立枯病、猝倒病等苗期病害，并使地温控制在 18℃左右，日温保持在 25℃左右。床土太湿时，要撒细干土控墒。

当秧苗二叶一心时，即为花芽分化期，日温 25℃左右，夜温 15~20℃为适宜。

由于茄子的根系易木栓化，因此当达到一定苗龄和壮苗标准后即可移栽，不宜晚于真十字期，即四片真叶期。在定植前一周要降温降湿，以锻炼秧苗。

（8）壮苗标准。苗龄 40 天左右，株高 15cm，长出 3~4 片真叶，叶片大而厚，叶色浓绿带紫，茎粗黑绿带紫，根系多而无锈根，全株无病虫害和机械损伤。

6 定植

6.1 定植期

温室内茄子定植时，必须保证 10cm 处地温稳定在 12℃以上，气温在 20℃左右，一大茬茄子定植时间一般在 8 月 20 日之前。

6.2 整地施肥

每亩施充分腐熟的优质有机肥 5 000kg，深翻 30cm，平整后做成高垄，垄距 12m，垄高 15cm，大垄中间开一小沟。

6.3 定植

在冬春季温室大棚内定植，必须选择在冷尾暖头的晴天中午进行。定植采用大垄双行、内紧外松的方法，小行距 50cm，株距 40cm，采用水稳苗（暗水法）定植，栽植深度没过基质，水渗下后要及时封埯。每亩植 2 000 株左右。

7 田间管理

7.1 缓苗前的管理

定植后缓苗前要保湿，土壤保持潮湿。当新叶开始生长，新根出现，则证明已经缓苗。

7.2 开花结果期的管理

缓苗后如土壤干旱，可浇一次缓苗水，但水量不宜过大，地表干后及时中耕，并行培土，进行蹲苗。茄子的蹲苗期不宜过长，一般门茄达到瞪眼期时可结束蹲苗，追一次"催果肥"，灌一次"催果水"，最好用高质量的有机肥，如每亩用饼肥 40kg 腐熟后局部施用，同时随水每亩施尿素 15kg，结合追肥，在植株基部培土，以防植株倒伏。对茄及四母斗茄子迅速膨大期，对肥水的要求达到高峰，应每 4~6 天灌溉一次。夏季下暴雨后应及时灌井水降低地温，提高土壤中氧的含量，并降低根的呼吸强度，减少所需氧气，防止烂根。

要适时打叶。当门茄长到 3cm 左右时，就可去掉第一侧枝以下的叶片，以减少营养消耗。全生育期都要及时摘掉病老黄叶，以利于通风透光。每个花序下只留 1 个侧枝，其余的全部去掉。

8 病虫害防治

主要病虫害有茄子绵疫病、蚜虫等。药的使用应符合 NY/T 393 的要求。

8.1 绵疫病的防治

（1）农业防治。栽培时创造有利于茄子生长而不利于病菌侵染的环境条件。采用高垄栽培，可早捡病果，适时摘除黄叶，增施有机肥等。

（2）化学防治。发病初期每亩用 80% 的烯酰吗啉水分散粒剂 20g 对水喷雾一次。

8.2 蚜虫的防治

（1）农业防治。消灭虫源，铲除、消灭温室周围和温室里的杂草。蔬菜收获后及时清除枯枝落叶。

（2）化学防治。于发现初期用70%的吡虫啉水分散粒剂3g/亩，对水均匀喷雾防治一次。

9 适时采收

当果实充分长大，有光泽，近萼片边沿的果支变白或浅紫色时，即可采收在是期，每隔2~3天即可采收一次。由定植到采收，早熟品种为40~50天，中熟品种为50~60天，晚熟品种在60天以上。茄子产量有两个高峰期：第一个高峰期为四门斗时期；第二个高峰期为满天星时期（即第四到五级侧枝的结果期）。一般每亩选摘优质合格的茄子8 000kg。

第五节 绿色食品 甜椒日光温室
生产技术操作规程

1 范围

本标准规定了A级绿色食品日光温室甜椒栽培的产地环境条件、品种选择、产量指标、栽培技术、病虫防治及农药肥料使用。

2 引用标准

下列标准所包含的条文，通过在本标准中引用而构成为本标准的条文。本标准出版时，所示版本均为有效。所有标准都会被修订，使用本标准的各方应探讨使用下列标准最新版本的可能性。

NY/T 391—2013　　　绿色食品　产地环境质量

NY/T 393—2013　　　绿色食品　农药使用准则

NY/T 394—2013　　　绿色食品　肥料使用准则

3　产地环境

3.1　立地条件

选择空气清新，没有工业厂矿污染的地块。产地环境符合绿色食品产地环境质量标准（NY/T 391—2013）。

4　品种选择

日光温室越冬茬辣椒栽培，适宜选择耐寒、耐弱光、抗病、品质好、产量高的品种。

5　栽培管理

5.1　栽培季节

日光温室越冬茬辣椒的适宜播种期为7月上中旬。

5.2　整地施肥

采用南北方向起垄，垄宽60～70cm、高15～20cm。每亩施腐熟猪粪肥4 000kg后旋耕整平。

5.3　分株定植

8月末定植，每垄栽双行，按小行距45～50cm、株距40cm，选择无病虫、健壮的植株进行栽培。

5.4　田间管理

以勤施薄施为原则，亩施饼肥300kg、氮磷钾三元复合肥20kg，保持土壤湿润，防苗老化，结合培土及时耕除草。

6　病虫害防治

6.1　主要病虫害

疫病、蚜虫。

6.2　防治原则

预防为主，综合防治，以农业防治、物理防治、生物防治为主，化学防治为辅的无害化控制原则。

（1）农业防治。与非十字花科作物实行2~3年轮作，清洁田园，集中烧毁深埋室内外病残体，不用病残体堆制肥料，深施腐熟农家肥；提倡使用生物菌肥、沼液、沼渣等生物肥料。

（2）物理防治。在大棚放风口用防虫网封闭，在大棚内悬挂黄板，每亩地悬挂30~40块，防治蚜虫、白粉虱等。利用人工除草消灭草害。

（3）主要病虫害药剂防治。疫病：可亩用72%克露可湿性粉剂80g喷雾防治。

蚜虫：一般初发期用70%的吡虫啉水分散粒剂3g/亩喷雾防治。

7 收获

采收时，注意把果柄全部采下，不能在叶腋处留柄，以免伤口不易愈合而感染。

第六节 绿色食品 西葫芦日光温室生产技术操作规程

1 范围

本标准规定了A级绿色食品日光温室西葫芦栽培的产地环境条件、品种选择、产量指标、栽培技术、病虫防治及农药肥料使用。

2 引用标准

下列标准所包含的条文，通过在本标准中引用而构成为本标准的条文。本标准出版时，所示版本均为有效。所有标准都会被修订，使用本标准的各方应探讨使用下列标准最新版本的可能性。

NY/T 391—2013　　绿色食品　产地环境质量
NY/T 393—2013　　绿色食品　农药使用准则
NY/T 394—2013　　绿色食品　肥料使用准则

3 产地环境

3.1 立地条件

选择空气清新，没有工业厂矿污染的地块。产地环境符合绿色食品产地环境质量标准（NY/T 391—2013）。

3.2 品种选择

抗逆性强，商品性好，早熟、耐低温、耐弱光，适应市场需求的品种，如纤手、碧玉、冬玉等。

4 育苗

4.1 种子处理

首先除去浮在水面上不饱满的种子；后用清水反复搓洗，除去表面上的黏液，以利发芽整齐一致；然后用湿纱布包好，置于28~30℃催芽，经1~2天后即可出芽。

4.2 育苗

（1）育苗基质。常用的育苗基质有草炭、蛭石、珍珠岩、牛粪等。配方为：草炭：珍珠岩（粒径3mm）：蛭石=6：3：1，夏秋季育苗多加蛭石，保持水分，冬季育苗多加珍珠岩，加速水分蒸发。配制前先将草炭过筛，再将三者按以上比例混合均匀，每立方米坐瓜基质加1kg氮、磷、钾含量均为15%的三元复合肥，同时喷施50%多菌灵500倍液或每立方米坐瓜基质加苗菌敌80~100g，进行基质灭菌消毒，然后将配好的基质用塑料薄膜密封一周后使用。

（2）育苗穴盘的选择及装盘。番茄育苗选用50孔苗盘，装盘用的基质含水量达到手握成团、落地即散为宜。装盘时，以基质恰好填满育苗盘的孔穴为宜，基质要疏松，不能压实，亦不能中空。

（3）播种。将催好芽的种子播到浇透温水的穴盘，一穴一种，种芽平放，播种深度为5~8mm，播后均匀覆盖一层蛭石，然后喷小水，喷水程度以水渗至孔穴的2/3为宜。

4.3 播种时间

越冬茬西葫芦播种期为9月底或10月上旬，每亩用种300g左右，播种后覆盖一层蛭石，再覆上地膜，搭上拱棚升温。

4.4 苗床管理

出苗前，保持白天气温28~30℃，夜间18~20℃。经3~5天出苗后，须立即去掉地膜降温，保持白天气温 20~25℃，夜间 15℃左右。出苗前一般不浇水。栽苗前一周，须降温练苗，以提高其抗性。

5 定植

5.1 整地施肥

先将棚室内前茬作物的根、茎、叶全部清除干净，提前 1~2 个月翻地晒垡，杀死土壤中的病菌。每亩施腐熟有机肥 6 000kg、磷酸二铵 80~100kg、硫酸钾 50kg，翻入土中混匀，按大、小行距 60~80 cm 起垄。

5.2 定植时间及方法

一般于 11 月上旬秧苗三叶一心或四叶一心时定植。按株距 50 cm 刨好穴，将苗放入穴内，然后浇水封掩，覆上地膜。每亩栽苗 2 000 株左右。

6 田间管理

6.1 温湿度管理

棚室西葫芦要求夜间叶面不结露，可减轻多种病害的发生。上午棚室温度控制在 25~30℃，相对湿度在 75%左右；下午棚温 20~25℃，相对湿度 70%左右；傍晚闭棚，夜间如温度达 13.1℃以上可整夜通风，以降低棚内湿度。进入 4 月中旬以后，要利用天窗、后窗进行大通风，使棚温不高于 30℃。

6.2 水肥管理

植株开花结果前，应少浇水或不浇水，以利坐瓜。待"跟瓜"坐住果后，再开始浇水，但应减少浇水次数。晴天上午进行膜下浇水，并每亩冲施尿素 10kg。进入盛果期后平均每半月浇水一次，追肥一次，每次每亩追施腐熟有机肥 500kg，全年随水冲施 4~6 次。最后一次施肥时间要距采收期不少于 30 天。

6.3 CO₂施肥

可用安装 CO_2 施肥器或埋施 CO_2 颗粒的方法补充 CO_2 气肥，使棚室内 CO_2 浓度达到 1 000~1 500ml/L。

7 植株调整

西葫芦以主蔓结瓜为主，一般在长出 7~8 片叶时吊蔓，管理中应尽早抹杈，降低养分消耗。后期保留 2 个侧蔓，待侧蔓开花结果后，再及时剪去主蔓，以增加通风透光，有利于多坐瓜。

8 保花保果

一般采用人工授粉，即在花朵开放的当天上午 8—10 时，摘下雄花，去掉花瓣，将花粉轻轻抹在雌花柱头上，一般一朵雄花可抹 2~3 朵雌花，可显著提高坐果率。

9 延长结果期

植株未开花前，应适当缩短日照时间，每天见光保持在 6~8 小时即可，以利于雌花的分化和及早形成，并能保证产量和质量。开始结瓜后，加大肥水管理，既能早结瓜，又能防早衰，还可延长结瓜期。

10 病虫害防治

10.1 防治原则

按照"预防为主，综合防治"的植保方针，坚持以"农业防治、物理防治、生物防治为主，化学防治为辅"的无害化防治原则。

10.2 使用农药

农药使用应符合 NY/T 393—2013 的要求。

10.3 防治方法

（1）西葫芦主要病害有：白粉病等。棚室西葫芦可采用烟雾法，即定植前几天将草莓棚密闭，每 100m² 用硫黄粉 250g、锯末 500g 掺匀后，分别装入小塑料袋放在室内，于晚上点燃熏一夜。此外也可用 50% 嘧菌酯 13~20g/亩喷雾。

（2）虫害防治：粉虱（温室白粉虱，烟粉虱）等。在温室、大棚门窗或通风口，悬挂白色或银灰色塑料薄膜条，驱避成虫进入室内，黄板诱杀成虫；在温室休闲的夏季密闭通风口，持续 2 周左右，利用棚内 50℃ 的高温杀死虫卵。冬季换茬时裸露 1~2 周，利用外界的低温杀死各虫态的白粉虱；当茬蔬菜收获后，立即清除温室内若虫的残留枝叶，集中烧毁或深埋，并清除田间及温室四周杂草。

药剂防治可选用：25% 噻虫嗪水分散粒剂，3~5g/亩喷雾。

注意天敌的保护，如丽蚜小蜂、桨角蚜小蜂、粉虱榛黄蚜小蜂、粉虱蚜小蜂、橘扑虱蚜小蜂、蚜虫跳小蜂等。

11 采收

11.1 采收时期

应在达到果实质量标准时进行。西葫芦果实不是同时成熟，随熟随采。

11.2 采收方法

采收最好在上午8时以前，15时以后进行。采收后轻放于果箱内，供集中包装。

第七节 绿色食品 苦瓜日光温室
生产技术操作规程

1 范围

本标准规定了A级绿色食品日光温室苦瓜栽培的产地环境条件、品种选择、产量指标、栽培技术、病虫防治及农药肥料使用。

2 引用标准

下列标准所包含的条文，通过在本标准中引用而构成为本标准的条文。本标准出版时，所示版本均为有效。所有标准都会被修订，使用本标准的各方应探讨使用下列标准最新版本的可能性。

NY/T 391—2013　　　绿色食品　产地环境质量

NY/T 393—2013　　　绿色食品　农药使用准则

NY/T 394—2013　　　绿色食品　肥料使用准则

3 产地环境

3.1 立地条件

选择空气清新，没有工业厂矿污染的地块。产地环境符合绿色食品产地

环境质量标准（NY/T 391—2013）。

3.2 土壤要求

前茬为非葫芦科蔬菜作物，土壤耕作层深厚，地势平坦，排灌方便，土壤结构适宜，理化性状良好，有机质含量高，土壤中有效氮、磷、钾的含量水平高，有益微生物菌群丰富、活跃的壤土或棕壤土。

4 品种选择

选用优质、高产、抗病、抗虫、抗逆性强、适应性广、商品性好的苦瓜品种，不得使用转基因品种。种子质量符合国家标准要求。

5 育苗

5.1 育苗设施

根据季节不同，选用温室、塑料棚、温床等没施育苗。可采用穴盘育苗。

5.2 穴盘基质配方

常用的育苗基质有草炭、蛭石、珍珠岩、牛粪等。配方为：草炭：珍珠岩（粒径3mm）：蛭石＝6：3：1，夏秋季育苗多加蛭石，保持水分，冬季育苗多加珍珠岩，加速水分蒸发。配制前先将草炭过筛，再将三者按以上比例混合均匀，每立方米坐瓜基质加1kg氮、磷、钾含量均为15%的三元复合肥，同时喷施50%多菌灵500倍液或每立方米坐瓜基质加苗菌敌80~100g，进行基质灭菌消毒，然后将配好的基质用塑料薄膜密封一周后使用。

5.3 育苗穴盘的选择及装盘

苦瓜育苗选用50或72孔苗盘，装盘用的基质含水量达到手握成团、落地即散为宜。装盘时，以基质恰好填满育苗盘的孔穴为宜，基质要疏松，不能压实，亦不能中空。

5.4 种子用量

每亩栽培面积的用种量：育苗移栽350~450g，直播500~650g。

5.5 种子处理

苦瓜种子种皮坚硬，因此要进行浸种催芽，其方法是：将种子晾晒后，放在60℃左右的温水中浸泡20分钟，不断搅拌，待水温降到30℃时，继续浸种12~15小时，浸泡过程中，适当搅拌，浸种搓洗后放入10%的磷酸三钠溶液中浸种10分钟，捞出冲洗干净后放在35℃的高温条件下进行保湿催芽，催芽期间用30℃的温水每6~8小时冲洗一次，一般3天即可发芽。当80%的种子露白时，即可播种。

6 播种

6.1 播种期
日光温室栽培，适宜播期在 7 月下旬或 8 月上旬。

6.2 播种
将催好芽的种子播到浇透温水的穴盘，一穴一种，种芽平放，播种深度为 5~8mm，播后均匀覆盖一层蛭石，然后喷小水，喷水程度以水渗至孔穴的 2/3 为宜，再覆盖地膜进行保湿，在 28℃ 条件下进行护根育苗。

6.3 苗期管理
当子叶出土时，要及时揭开地膜，同时喷施一次百菌清、多菌灵药剂，以预防立枯病、猝倒病等苗期病害。秧苗出土后，即可采用降温降湿措施，以防徒长。若发现戴帽苗可以再覆盖一层蛭石；如基质太湿，可撒细炉灰吸湿，温度控制在 25℃ 左右。为促进花芽分化和雌花形成可缩短光照时间（12 小时以下）和降低苗床温度（15℃ 以下）。在定植前一周应进行低温炼苗，但应防止"闪苗"，以提高苗子的抗逆性，缩短缓苗期。

6.4 炼苗
定植前 7 天适当通风降温。

6.5 壮苗标准
苗龄在 35 天左右，株高 20cm，幼苗的横茎粗 0.8cm 左右，4~5 片真叶，叶色浓绿，无病虫害和机械损伤，根系发达，整株秧苗坚韧有弹性。

7 定植

7.1 定植
日光温室内定植在 8 月下旬。

7.2 定植前准备
（1）整地施肥。每亩施充分腐熟的优质有机肥 5 000kg、磷酸二铵 25kg、硫酸钾 30kg，深翻二遍，整平做高畦，一般畦高 15~20cm，畦宽 0.6m；在大棚（温室）内生产，畦上应覆地膜，膜下留水沟，以备进行膜下暗灌，以减少棚内湿度，从而减少病虫害。

（2）棚室消毒。土壤深翻后扣棚，每亩棚室用硫黄粉 0.5~1kg、百菌清 100g，或用高锰酸钾 0.25kg，拌上锯末分堆点燃，密闭熏蒸一昼夜，放风，无味时使用。温室夏季休闲期，可用淹水盖膜进行高温消毒。

7.3 定植

定植前一周进行低温炼苗。定植前一天浇足底水，并喷施一次百菌清或多菌灵药液，挖苗时尽可能保持土坨完整，以防伤根。在冬春季大棚（温室）内定植必须选阴尾晴头的中午进行。定植采用每畦双行的方法，株距60cm，棚内栽植密度在1 500株/亩。采用水稳苗（暗水法）定植，栽植深度应稍露土坨，栽植时浇足水，一般缓苗前不需再浇水。

8 田间管理

8.1 缓苗前后的管理

定植后，采用开孔掏苗的方法覆地膜，已利于提高地温。气温保持在28℃，一般5~8天后可见到心叶见长，而且出现新根，则证明缓苗成功。这时应适当降温，并适当放风降湿。没覆地膜的，则要通过松土，降湿蹲苗。缓苗后，温度白天控制在23~28℃，夜间13~18℃，最低不可低于12℃，土壤湿度经常保持在80%~85%，空气湿度保持在夜间90%左右，白天70%左右，并尽可能增加光照强度和延长光照时间。此期，植株生长缓慢，株体小，需肥少，在施足基肥和定植时"窝里放炮"施腐熟粪干和饼肥的基础上，一般不缺肥，所以不需要追肥，但是可以根据植株长势，喷施磷酸二氢钾等叶面肥。

当植株主蔓长40~50cm时，就开始整枝吊蔓。在吊蔓时要把侧蔓全部拿去，以集中养分促进主蔓生长粗壮和叶片肥大。摘除侧蔓时最好选择在晴天的中午前后进行。苦瓜的茎节上易发生不定根，可在第一次吊蔓之前压蔓，以促发不定根，扩大根系吸收面积，压蔓的方法是在每一植株的南侧用刀片在地膜上割一条15cm长的"一"字形口，用小铲将口内土壤铲2~3cm深，将苦瓜主蔓下部15cm一段埋入膜下土壤中（只埋压茎蔓，叶片梗露在地膜上面），并尽可能把膜口封好。

8.2 结瓜前半期的管理

（1）光照和温度调节：强光和较长的日照，有利于促进苦瓜结瓜期的茎叶旺盛生长和幼瓜加快膨大；但冬春茬温室苦瓜陆续结瓜的前半期，正处在光照时间较短、光照强度较弱的寒冬季节，因此，争取光照时间、增加光照强度、增温和保温是这一时期管理的重点。一般棚温保持在白天18~25℃，夜间12~18℃，当棚内气温高于28℃时，即可开天窗放风降温。这段时期温室光、温管理措施主要是：早揭晚盖草苫，争取延长光照时间；及时扫除棚膜上的染尘和草屑，保持膜面清洁透光良好；阴雪天仍然白天要揭草苦；棚内后墙上张挂镀铝聚酯反光幕；依据苦瓜耐低温性能差而耐湿性能强的特点，在冬季管理上减少放风排湿时间和放风量，以加强保温。

（2）水、肥供应：从采收期开始，结合浇水追肥。随着植株生长量逐渐加大，浇水间隔时间由 15 天左右，逐渐缩短为 10 天，追肥间隔时间由隔一次浇水冲施一次磷氮化肥，过渡到每次浇水都随水冲施磷、钾化肥。每次每亩冲施尿素 7~8kg、钾宝 7~8kg。同时定时进行二氧化碳施肥。为使苦瓜植株强根壮茎、优质高产，可追施含有钙、镁、硅、硫及微量元素和稀土元素的活性钙肥，追施量一般 pH 值大于 7 的碱性土壤每平方米 0.15~0.2kg，pH 值小于 7 的酸性土壤每平方米 0.2~0.25kg。

（3）整枝落蔓：当苦瓜的主蔓攀缘尼龙绳往上生长到接近本行的吊蔓铁丝时，就应落蔓。落蔓时先将主蔓叶腋间发出的侧枝和下部老、黄叶剪除，并带出棚外。对于顶部受损的植株，可选留一条发达的侧蔓代替主蔓。落蔓时要本着上齐下不齐的原则，使各行各株的主蔓顶端，同处在行北头略高、南头略低的同一坡面上；绑吊在尼龙绳上的主蔓要弯曲呈"S"形；落下不吊的老蔓部分，要盘落在本植株基部小行间地膜之上。落蔓后，一般主蔓顶部离上边的同行吊蔓铁丝 0.5~1m。

（4）人工授粉：造成苦瓜间歇性结瓜的症状是落花和化瓜。落花的主要原因是未授粉或授粉不良，因此，必须坚持在开花结瓜期内每天上午 8~9 时进行人工授粉，方法是摘取当日清晨开放的雄花，去掉花冠，将雄蕊散出的花粉涂抹在雌蕊的柱头上。

8.3 结瓜后半期的管理

（1）加强肥水供应：结瓜后半期植株生长量进一步增大，瓜条膨大速度加快，蒸腾作用增强，所以耗水耗肥量也增大，故此要加强肥水供应。一般每 7~8 天浇一次水，随水每次每亩冲施硫酸钾、尿素各 7~8kg。为发新根、促进壮秧，可在大行间垄沟两侧撩起地膜，每亩撒施活性钙肥 100kg，然后划锄松土、重盖上地膜。

（2）温度、光照管理：苦瓜结瓜期所需要的适宜温度并非绝对的，而是随着光照强度增大和日照时间延长，所需要的适宜温度也有所改变。对于保护地生产的，此期温度的管理不是以增温、保温为主，而是以通风、调温为主。在正常天气情况下，使大棚昼夜通风，温度白天在 18~28℃，夜间 14~18℃。

9 病虫害防治

9.1 主要病虫害

（1）主要病害包括：枯萎病、病毒病等。

（2）主要害虫包括：根结线虫、蚜虫等。

9.2 防治原则

按照"预防为主，综合防治"的植保方针，坚持以"农业防治、物理防治、生物防治为主，化学防治为辅"的无害化治理原则。

（1）农业防治。选用抗病品种，针对当地主要病虫控制对象，选用高抗多抗的品种。

严格进行种子消毒，减少种子带菌传病。

培育适龄壮苗，提高抗逆性。

创造适宜的生育环境，控制好温度和空气湿度、适宜的肥水、充足的光照和二氧化碳，通过放风和辅助加温，调节不同生育时期的适宜温度，避免低温和高温障碍；深沟高畦，严防积水。

清洁田园，将苦瓜田间的残枝败叶和杂草清理干净，集中进行无害化处理，保持田间清洁。

耕作改制，与非葫芦科作物实行三年以上轮作，有条件的地区实行水旱轮作。

科学施肥，增施腐熟有机肥，平衡施肥。

（2）物理防治。

设施防护：防虫网和遮阳网，进行避雨、遮阳、防虫栽培，减轻病虫害的发生。

诱杀与驱避：温室栽培用黄板诱杀蚜虫，每亩悬挂30~40块黄板（25cm×40cm）。

（3）化学防治。

病毒病：可用8%宁南霉素水剂800~1 000倍液喷雾防治。

蚜虫：可用10%吡虫啉可湿性粉剂2 000倍液喷雾防治。

根结线虫：可用苦参碱灌根。

10 采收

当苦瓜的果实充分长大，瓜肩瘤状物突起增大，瘤沟变浅，瓜尖干滑，皮层鲜绿或呈乳白色、并有光泽时，即可采收嫩果，根瓜可适当早摘，以防引起化瓜。

第八节　绿色食品　草莓日光温室生产技术操作规程

1　范围

本标准规定了 A 级绿色食品日光温室茄子栽培的产地环境条件、品种选择、产量指标、栽培技术、病虫防治及农药肥料使用。

2　引用标准

下列标准所包含的条文，通过在本标准中引用而构成为本标准的条文。本标准出版时，所示版本均为有效。所有标准都会被修订，使用本标准的各方应探讨使用下列标准最新版本的可能性。

NY/T 391—2013　　绿色食品　产地环境质量
NY/T 393—2013　　绿色食品　农药使用准则
NY/T 394—2013　　绿色食品　肥料使用准则

3　产地环境

选择空气清新，没有工业厂矿污染的地块。产地环境符合绿色食品产地环境质量标准（NY/T 391—2013）。

4　种苗选择

选择章姬、红颜等优质草莓脱毒种苗。选用 5~6 片复叶、根茎粗 1cm 以上、有 6~8 条以上健壮根系、苗重 20g 以上的种苗作为定植用苗。

5　定植前准备

5.1　整地

选用土壤肥沃，土地平整，前茬未种过草莓、番茄、烟草的地块作草莓生产园。每亩施腐熟有机肥 5 000~7 000 kg，磷酸二铵 20~25 kg，结合翻地施入。

5.2　做垄

采用大垄双行的栽植方式，一般垄台高 20 cm，上宽 40~45 cm，下宽 60~70 cm，垄沟宽 20~30 cm，株距 15~18 cm。

6　栽培方式

6.1　定植

9 月上中旬。栽植密度依品种而定。棚室栽培每亩定植 8500 株。浅不露根，深不埋心。苗心与地面平齐为宜，根系在土壤中要舒展开，栽后将苗周围的土压实，并及时浇水。

6.2　扣棚保温时期

采用保温性能好的日光温室，采用休眠浅的早熟品种。扣棚保温时期于 10 月中旬进行。

7　生产管理

7.1　保温后的管理

保温后立即覆地膜并破膜提苗，去除老叶。

7.2　植株管理

经常注意摘除老叶、病叶和所有的匍匐茎，每株只留 3~4 个侧芽，其余要及时摘除。

7.3　土肥水管理

（1）追肥。初花期每亩追施尿素 10 kg，采收前 1 个月禁止追肥。

（2）灌水和排水。露地栽培干旱灌水，雨季排水。促成栽培，地膜覆盖前充分灌足水；在生长和结果前期一般很少灌水；生长后期的 3—4 月应注意灌水。

7.4　花果管理

（1）疏花疏果。盛花期及时疏去过多的花蕾，方法是摘去 4 级花序的花蕾，如花序过多时，摘除 3 级花序上的花蕾。幼果时要去掉畸形果、病虫果以及小白果，如留果量过多时可再疏去部分幼果。

（2）授粉。花期引进蜜蜂或熊蜂进行授粉。

（3）垫果。露地和设施均采用地膜垫果。

8　病虫害防治

8.1　防治原则

按照"预防为主，综合防治"的植保方针，坚持以"农业防治、物理防治、生物防治为主，化学防治为辅"的无害化防治原则。

8.2　使用农药

农药使用应符合 NY/T 393—2013 的要求。

8.3　防治方法

草莓主要病害有灰霉病等。

（1）草莓灰霉病：棚室草莓发病初期采用烟雾法或粉尘法。可选用 50% 啶酰菌胺水分散粒剂喷雾。

（2）虫害防治：粉虱（温室白粉虱，烟粉虱）

在温室、大棚门窗或通风口，悬挂白色或银灰色塑料薄膜条，驱避成虫进入室内，黄板诱杀成虫；在温室休闲的夏季密闭通风口，持续 2 周左右，利用棚内 50℃ 的高温杀死虫卵。冬季换茬时裸露 1~2 周，利用外界的低温杀死各虫态的白粉虱；当茬蔬菜收获后，立即清除温室内若虫的残留枝叶，集中烧毁或深埋，并清除田间及温室四周杂草。

药剂防治可选用：25% 噻虫嗪水分散粒剂，3~5g/亩喷雾。

注意天敌的保护，如丽蚜小蜂、桨角蚜小蜂、粉虱榛黄蚜小蜂、粉虱蚜小蜂、橘扑虱蚜小蜂、蚜虫跳小蜂等。

9　采收

9.1　采收时期

应在达到果实质量标准时进行。草莓果实不是同时成熟，随熟随采。

9.2　采收方法

采收最好在 8 时以前，15 时以后进行。采收时拇指与食指从果柄与萼片接合部掐断，不带果柄。采收后轻放于果盘内，供集中包装。

第九节 绿色食品 葡萄日光温室 生产技术操作规程

1 范围

本标准规定了 A 级绿色食品日光温室葡萄栽培的产地环境条件、品种选择、产量指标、栽培技术、病虫防治及农药肥料使用。

2 引用标准

下列标准所包含的条文，通过在本标准中引用而构成为本标准的条文。本标准出版时，所示版本均为有效。所有标准都会被修订，使用本标准的各方应探讨使用下列标准最新版本的可能性。

NY/T 391—2013　　　　绿色食品　产地环境质量

NY/T 393—2013　　　　绿色食品　农药使用准则

NY/T 394—2013　　　　绿色食品　肥料使用准则

3 产地环境

选择空气清新，没有工业厂矿污染的地块。产地环境符合绿色食品产地环境质量标准（NY/T 391—2013）。

4 品种选择

选用抗病、优质丰产、抗逆性强、适应性广、商品性好、耐贮运的中晚熟品种为主。其中，鲜食品种有巨峰、玫瑰香、红提、绿宝石、红手指等；无核品种有无核白、大列核白、京早晶、爱神玫瑰等；酿酒品种有雷司令、赤霞珠、蛇龙珠、品丽珠等；制汁品种有康可、康早、黑贝蒂等。

5 苗木和定植

5.1 苗木

（1）苗木应符合《葡萄苗木标准》要求。

（2）尽量采用无病毒苗木。

（3）寒冷地区尽量采用抗寒砧木的嫁接苗。

（4）不从有葡萄根瘤蚜疫区调入苗木。

5.2 定植

（1）定植密度。单壁篱架 111～333 株/亩［株行距（1.0～2.0）m×（2.0～3.0）m］。双壁篱架 95～267 株/亩［株行距（1.0～2.0）m×（2.5～3.5）m］。棚篱架 83～127 株/亩［株行距（1.5～2.0）m×（3.5～4.0）m］。小棚架 56～167 株/亩［株行距（1.0～2.0）m×（4.0～6.0）m］。

（2）定植时期。一般地区可秋季定植，冬季寒冷，冻地层深的地区以春季定植为宜。

（3）定植技术。定植穴宽 40cm、深 50cm，于穴中施入腐熟的有机肥 20～30kg，并加少量过磷酸钙，肥料与表土混合好填入穴底，呈馒头状，踩实。一般葡萄多开沟定植，沟宽、深 50cm。

定植前将苗木在水中浸 1 天左右，然后沾泥浆栽植。定植时将苗木的根系在坑中分布均匀，填土 1/2 深，将定植穴填平，踩实，立即灌水，待水渗下后，覆一层土。春季定植可覆地膜保摘。

6 土肥水管理

6.1 土壤管理

（1）深翻改土。一般在秋季落叶前后进行深翻，并结合施入基肥。成年果园深翻 50～60cm，幼年果园 30～50cm，如春季深翻以 20cm 左右为宜。篱架栽培应距植株 50cm 以外处深翻，棚架应以架下土壤为主。

（2）除草。采用人工除草外，不用化学除草，草长到一定高度时进行刈割，有利于防止绿盲蝽上树。

（3）间作。幼年果园可间作豆科作物。

（4）覆盖。早春灌水后，为防止水分蒸发，抑制杂草生长，提高地温，可覆盖稻草、麦秸、豆秸及绿肥等。

6.2 施肥

（1）施肥原则。施肥应符合《绿色食品　肥料使用准则》的要求。

（2）基肥。以秋施为宜。3~5 年生幼树，每株施有机肥 15~20kg，混入过磷酸钙 0.5~0.8kg；6 年生以上大树施有机肥 30~40kg，混入过磷酸钙 0.8~1.0kg。结合深翻土壤施入，施肥后马上灌水。

（3）追肥。盛果期树前期以追施氮肥为主，中后期以磷钾肥为主。每株施尿素 80~150g，磷酸二铵 80~150g，硫酸钾 80~200g，施肥后灌水。采前 30 天内禁止土壤追肥。

（4）根外追肥。生长季结合喷施农药进行根外追肥，可喷施 0.3%尿素，0.3%磷酸二氢钾。采前 20 天内禁止根外追肥。

（5）有条件的产区，应根据土壤和叶分析结果进行营养诊断施肥。

6.3 灌水与排水

（1）灌水。在葡萄早春出土后萌芽前灌水一次，开花前灌水一次，花期禁止灌水，浆果生长期灌一次水，浆果采收前 20~25 天停止灌水，秋季结合施基肥再灌一次水，埋土前灌一次封冻水。

不同地区可根据持水量确定灌水时期。一般在生长前期田间持水量应不低于 60%，后期在 50%左右。

（2）排水。雨季前疏通排水系统。北方地区雨季正是浆果成熟时期，必须注意及时排水。

7 整形修剪

7.1 架式

（1）篱架。单壁篱架高 1.5~2.0m，按行每隔 6~8m 立一柱，其上牵引 4 道铁丝，第一道铁丝离地面 50cm 左右，以上每道铁丝间隔 40~50cm，其上均匀分布枝蔓。篱架还可分双篱架（或双壁篱架）及宽顶篱架（T 形架）。

（2）棚架。小棚架后部高 1.0~1.5m，架梢高 2.0~2.2m，架面呈倾斜状；架长 5~6m，棚面上引数道铁丝；大棚架可以是倾斜式或水平式（架高 2.0 m）。

（3）棚篱架。棚后部（篱面部）高 1.5~1.6m，棚架口（棚面顶部）高 2.0~2.2m，具有篱面和棚面。篱面部分引 2~3 道铁丝，棚面部分引 3~4 道铁丝。

7.2 整形

（1）规则扇行。植株具有多个主蔓，一般为 3~4 个，每个主蔓上培养 1~2 个结果枝组。该树形适于篱架。

（2）龙干形。由地面倾斜生长出向上达于棚架的一条或二条龙干，通常长 5~6m。在龙干的背上或两侧每隔 20~30cm 培养 1 个枝组（称龙爪）每个枝组上着生 1~2 个结果母枝。该树形适于棚架。

（3）休眠期修剪，埋土前修剪。修剪内容主要是保持树形规范，为翌年生长结果选留必要数量的结果母枝。按结果母枝的剪留长度区分：1~4 芽为短梢修剪，5~7 个芽为中梢修剪，8 芽以上为长梢修剪。留枝或芽眼按产量（每亩 1 000~1 500kg）计算后，多留 10%左右。

规则扇形的修剪要点。

每主蔓留 1~2 个结果枝组，每个枝组由 1 个中、长梢结果母枝和 1 个短梢替换枝组成，替换枝必须是壮枝，细、弱枝一般疏除。

龙干形的修剪要点。

第一年定植后，对长出的新梢截顶，冬剪时选留 1~2 健壮的新梢（粗度 1.5cm）留作未来龙干。第二年每个主梢相距 60~70cm，冬剪时主梢（龙干）继续长留，先端粗度保持 1cm 左右。主蔓（龙干）上的侧生枝留 1~2 芽短截。第三年继续按上述方法修剪。除了先端的一年生枝剪留较长外，所有侧生的成熟一年生枝，均留 1~2 芽短剪。如肥水条件较好，间距较大时，少部分新梢可进行中梢修剪，结果后疏除。

（4）生长季修剪。

抹芽：萌芽以后开始，抹去双芽、弱梢、基部萌芽、徒长梢和过密梢。15~20cm 定枝，去除其他芽。

绑梢和去卷须：当新梢长至 30~40cm 时，开始将新梢绑到架面铁丝上。随新梢不断伸长，不断绑缚。一般要绑 3~4 次。绑梢时要将新梢均匀分布，间距一般为 10cm，并要随手摘去已发生的卷须。

新梢摘心：在开花前 4~5 天对果枝进行摘心。摘心程度为果穗以上留 6~8 片叶；对果穗以下副梢从基部去掉，除果枝顶部摘心处下的 2 个副梢留 3~4 片叶反复摘心外，其余副梢均留 1 片叶摘心或从基部抹除。

8 果穗管理

8.1 疏花序
植株负载量过大时可疏去过密、过多及细弱果枝上的花序，强壮果枝留 2 穗，中庸果枝留 1 穗，细弱果枝尽量不留。

8.2 掐穗尖和果穗整形
在开花前一周内进行。对果穗较疏松的品种，如玫瑰香，巨峰系等品种，一般掐去花序长度的 1/4~1/5；对有副穗的品种应去掉副穗。

8.3　疏果

在花后 15~20 天进行。主要对果穗中的小粒果及过密的果进行疏除，大果粒巨峰保留 30~35 粒（穗重 350~500g），红地球保留 60~100 粒（穗重 500~750g）。

8.4　果实套袋

巨峰葡萄 6 月 10 日开始套袋，夏至前套完。玫瑰香、红提、红宝石等品种夏至开始套袋，6 月底前套完。套袋前喷一次杀虫杀菌剂。采用葡萄专用纯白色纸袋，大果穗葡萄品种用 25cm×35cm，小果穗品种用 20cm×30cm。

8.5　果实摘袋

去袋一般在果实成熟前一周进行。成熟期雨水多的地区，可适当早去袋以保证果实的色泽。目前生产上也有果农为了防鸟、防虫或避免损害果面，采用不去袋操作，直到采收以后才去袋。

9　病虫害防治

9.1　防治原则

按照"预防为主，综合防治"的植保方针，坚持以"农业防治、物理防治、生物防治为主，化学防治为辅"的无害化防治原则。

9.2　使用的农药

应符合 NY/T 393—2013 的规定

9.3　基础防治措施

（1）加强栽培管理，增施基肥，合理排灌，控制湿度，控氮增钾，合理负载，增强树势是抗病虫害的基础。葡萄园附近不种杨柳树，减轻叶甲等危害。加强苗木检疫，采用不带病虫的砧穗和苗木。建立无病毒母本园，繁殖无病毒母本树，培育无病毒及无病虫的无性繁殖材料。

（2）萌芽前或芽膨大期喷施 3~5 波美度石硫合剂（葡萄植株、架桩及地面都喷到）。

（3）行间种植豆科紫花苜蓿或白三叶，可以固氮增加土壤肥力，改善果园小气候和抑制杂草生长，还有利于叶螨、蚜虫、食心虫等的天敌繁殖，在天敌达到一定数量时，适时刈割，迫使天敌上树控制虫害。

（4）搞好果园清园工作，及时剪除病虫枝、叶、果，并清除出园，集中焚烧或挖坑深埋。早期架下喷石灰杀死病残体中的病原物，秋季结合施肥深翻树盘，以消灭越冬虫体。

（5）果实套袋，可兼治多种食果害虫。套袋前要喷施杀虫杀菌剂。

（6）利用短波灯光、性诱剂、气味物等诱杀果园害虫，具有使用安全、对天敌影响较小、不污染环境、经济效益显著的特点，值得进行示范和推广。如佳多频振式杀虫灯，灯外配以频振式高压电网触杀，使害虫落袋，达到降低田间落卵量，压低虫口基数而起到防治害虫作用。气味物诱杀包括性诱剂诱杀和迷向、糖–酒–醋诱杀、烂果诱杀等方法。

（7）用人工除草的方法去除杂草。

（8）使用化学农药的安全期要求。病虫害化学防治药剂在整个生长季节中的使用次数和最后一次使用距采收的时间（天），用圆括号注于各农药之后，如5%噻螨酮1 500~2 000倍液（1，40），表示整个生长季节中允许使用1次，最后使用期距采收的时间必须在40天以上。药剂后未用圆括号标注的化学合成农药，也是整个生长季节只能使用一次，最后使用期距采收的时间一般要在30天以上。

9.4　主要虫害防治

（1）葡萄根瘤蚜。葡萄新区要严格实行检疫，不从疫区调入苗木和插条。对苗木和插条进行热水处理（54℃处理5分钟或50℃处理30分钟）可有效防止根瘤蚜侵入。最好选用沙土地栽植葡萄。要选择抗性砧木育苗。

在葡萄根瘤蚜发生为害的葡萄园，可进行土壤处理，杀死蚜虫。

对于叶瘿型根瘤蚜，可选择70%吡虫啉水分散粒剂3g/亩喷雾。

（2）葡萄粉虱。冬季修剪后，彻底清除田间落叶，并集中烧毁，以消灭越冬虫源。生长季保持葡萄园内通风透光，是抑制该虫发生的基础。

幼虫发生期采用药剂防治，适用的药剂有：70%吡虫啉水分散粒剂3g/亩喷雾。

9.5　主要病害的防治

（1）葡萄霜霉病。秋季葡萄落叶后要及时清除园内的病叶、病果。入冬前结合修剪剪除病枝蔓。早春萌芽前结合防治其他病害喷施3~5波美度石硫合剂进行防治。葡萄生长中要注意及时摘心、绑蔓和中耕除草，提高结果部位，及时剪除下部叶片和新梢。潮湿的气候条件易发病。应根据测报及时喷药保护和治疗，尤其要注意雨后及时喷药。喷药可间隔10~15天进行一次。连续喷施2~3次。适用的杀菌剂有：80%液波尔多液可湿性粉，60~100g/亩喷雾。

（2）葡萄炭疽病。清洁田园和休眠期防治同葡萄霜霉病。生长季节防治：葡萄炭疽病有明显的潜伏侵染现象，应提早喷药保护，一般在初花期开始喷药，隔半月左右喷一次，连续喷3~4次。在果实生长期每次降雨后，特别是果实近成熟期遇到降雨要及时喷药防治。适用的药剂有25%嘧菌酯悬浮剂，每亩 25~50mL。

10 采收

10.1 果实质量

应符合《绿色食品 温带水果》的要求。

10.2 采收

(1) 采收应在达到果实质量标准时进行。

(2) 采收时用左手姆指掐住穗梗，右手握剪，在穗梗基部靠近新梢处剪下，轻轻放入果篮中。穗梗短的品种，可用左手托住果穗，然后剪下。

第三章 绿色食品拱棚生产技术操作规程

第一节 绿色食品 辣椒拱棚生产技术操作规程

1 范围

本标准规定了 A 级绿色食品冬春拱棚辣椒栽培的产地环境条件、品种选择、产量指标、栽培技术、病虫防治及农药肥料使用。

2 引用标准

下列标准所包含的条文，通过在本标准中引用而构成为本标准的条文。本标准出版时，所示版本均为有效。所有标准都会被修订，使用本标准的各方应探讨使用下列标准最新版本的可能性。

NY/T 391—2013　　绿色食品　产地环境质量
NY/T 393—2013　　绿色食品　农药使用准则
NY/T 394—2013　　绿色食品　肥料使用准则

3 产地环境

3.1 立地条件

选择空气清新，没有工业厂矿污染的地块。产地环境符合绿色食品产地

环境质量（NY/T 391—2013）。

3.2 土壤条件

前茬为非茄果类蔬菜作物，土壤耕层深厚，地势平坦，排灌方便，理化性状良好，有机质含量高，pH 值 5.6~6 的微酸性沙壤土和潮土，疏松透气性好，土壤中有效氮、磷、钾的含量水平高，有益微生物菌群丰富、活跃。

4 品种

选用优质、高产、抗病、抗逆性强、适应性广、商品性好的品种。种子质量符合国家标准要求，不得使用转基因品种。

5 整地施肥

5.1 清理田地

上茬作物收获后，及时清除植株残体，并带出田外集中处理，以压低有害生物基数。

5.2 整地施肥

整地要求平、细、净，深翻 25~30cm。结合整地每亩施充分腐熟的优质有机肥 4 000~6 000kg、磷酸二铵 20~25kg、硫酸钾 10~15kg。

5.3 做畦

采用高畦栽培，以利于灌溉和管理。采取大小行栽培，大行行距 70~80cm，小行行距 45~55cm。

6 育苗

6.1 种子质量

纯度≥95%，净度≥98%，发芽率≥85%，水分≤7%。

6.2 播期

冬春拱棚辣椒栽培，播种期为 11 月中、下旬。

6.3 播前准备

（1）种子处理：辣椒的种子适合于 55℃的温水浸种。方法是先将种子用 30℃的水浸泡一下，把漂在水面上的秕籽淘汰；再把饱满的种子放入盛 50~60℃温水的容器内（两份开水对一份凉水），水量应为种子的 5 倍，并不断搅拌，在搅拌时如水温不足 50℃，可酌量增加热水，保持 50~60℃浸泡 10 分钟；自然降温或加凉水降温到 30℃ 左右，继续浸泡 4 小时，将种子从水中捞出后，略晾一下，再用湿布包好，放在 25~30℃ 的条件下催芽。

（2）催芽：因辣椒种子发芽对氧的要求较高，催芽时要加强翻倒、淘洗，一般每天可用清水淘洗一次，稍晾后包好继续催芽。包裹不要过严，或在种子里掺入相当于种子量 3~4 倍的湿沙。一般在 25~30℃ 的条件下 4~5 天即可发芽。

（3）培育无病虫适龄壮苗。

育苗场地。育苗场地应与生产田隔离，用温室、阳畦、温床育苗。

营养土的配制。用 4 份充分腐熟的优质有机肥和 6 份 3~5 年内未种植过茄科作物的园土或大田土混合后过筛，过筛后每立方米加三元复合肥（15-15-15）0.5kg；集约化穴盘育苗可选用商品基质。

营养土消毒。每立方米营养土用 50% 多菌灵 80g，DT 杀菌剂 100g 再加绿享一号或绿享二号杀菌剂 10g 混匀。

采用护根育苗。利用营养钵、穴盘等护根措施进行育苗，以利于保护根系，缩短缓苗期。

苗期管理。适期分苗，适当放风炼苗，防止徒长；及时防治苗期病虫害；发现病弱苗及时拔除。

常用的育苗基质有草炭、蛭石、珍珠岩、牛粪等。配方为：草炭：珍珠岩（粒径 3mm）：蛭石 =6：3：1，夏秋季育苗多加蛭石，保持水分，冬季育苗多加珍珠岩，加速水分蒸发。配制前先将草炭过筛，再将三者按以上比例混合均匀，每立方米坐瓜基质加 1kg 氮、磷、钾含量均为 15% 的三元复合肥，同时喷施 50% 多菌灵 500 倍液或每立方米坐瓜基质加苗菌敌（80~100）g，进行基质灭菌消毒，然后将配好的基质用塑料薄膜密封一周后使用。

育苗穴盘的选择及装盘。辣椒育苗选用 72 或 102 孔苗盘，装盘用的基质含水量达到手握成团、落地即散为宜。装盘时，以基质恰好填满育苗盘的孔穴为宜，基质要疏松，不能压实，亦不能中空。

采用护根育苗。利用穴盘等护根措施进行育苗，以利于保护根系，缩短缓苗期。

苗期管理。适当放风炼苗，防止徒长；及时防治苗期病虫害；发现病弱苗及时拔除。由于辣椒植株易木质化，所以在育苗过程中可适当少蹲苗或不蹲苗。

壮苗标准。株高 15cm，茎粗 0.4cm 以上，4~5 片真叶，叶色浓绿、叶片肥厚、根系发育良好、无锈根，无病虫害和机械损伤。

7 定植

7.1 棚室消毒

每亩棚室用硫黄粉 0.25~0.5kg、百菌清 30g、毒死蜱 0.5 kg，拌上锯末分堆点燃，然后密闭熏蒸一昼夜再放风，无味时使用。

7.2 设防虫网防虫

大棚通风口用防虫网（40~50 目为宜）密封，防止害虫迁入。

7.3 适时定植

选择晴天上午定植，采用暗水栽苗法。先开穴、浇水、放苗、覆土，冬春茬要盖地膜。栽植深度以叶子节处为宜，不宜深栽。保持棚室内畦面平整，做到上干不湿，表土疏松。行距 50~60cm、株距 25~35cm 定植，每亩定植 4 500~5 000 株。

8 田间管理

8.1 缓苗期

定植后 5~6 天为缓苗期。此时温度较低，定植时浇水，使地温下降很多，如遇阴雪天温度更低。管理的重点是保持高温、高湿的环境条件，以促使迅速缓苗。因此要做好以下工作：

保持高温、高湿环境，促进迅速缓苗。一般定植后一周内，温室要密闭不通风，而且草苫应在日出后适时拉起，下午适当提早盖苫，保持高温高湿的环境。温度保持在 30℃ 或稍高为最好。若温度高于 35℃，秧苗发生萎蔫也不要放风（凉风一吹，秧苗缓苗更困难），可盖草苫遮荫降温，恢复后再拉起。

浇缓苗水、施缓苗肥。缓苗后（株恢复生长、抽出新叶），一般浇一次缓苗水，水最好是温水，从膜下浅沟中浇。结合浇水施一次缓苗肥，每亩追施尿素 5kg 或硫酸铵 10kg，要随水冲施。定植初每天在叶面进行喷雾可促进缓苗，如用 0.4% 的磷酸二氢钾进行叶面喷肥，还有利于发根，比单纯喷水效果更好。

8.2 缓苗后至坐果

缓苗后，植株同时进行营养生长和生殖生长。若此时植株发生徒长，一旦第一果坐不住，养分集中到枝条和叶片的生长中去，将更加剧植株的徒长，形成所谓"空秧"。此时温度仍较低，光照较差，管理的重点是要控水蹲苗，促进辣椒根系的生长和防止徒长，促进坐果。具体要做好以下工作：

（1）温度管理：缓苗以后要适当降低温度，白天为 25～30℃，夜间 15～20℃，30℃左右的高温在一天当中不宜超过 3 小时，否则会影响坐果，果实发育不良。中午以前为 25～28℃，使辣椒的光合作用迅速进行，中午以后应将室内温度提高到 28～30℃，以利土壤蓄热；夜间温度应由 23～20℃ 缓降到18℃（自盖苫后到夜间 22 时），以促使光合产物的运转，至次日揭苫时最低温度以 15℃ 为限（特殊时期可能出现 10℃）。如夜间最低温度低于 15℃，会减少开花数，降低坐果率，增多畸形果，此外对次日的光合作用也有一定影响。

（2）肥水管理：辣椒苗期需肥量不大，基肥的肥量足以能满足门椒坐果之前的需要，同时为防止植株徒长、落花落果，此期内不浇水、追肥，进行蹲苗。

（3）光照调节及草苫拉放：要经常清扫膜面，加大其透光性，棚内设有保温幕时，应及时收拢以增加光照，草苫要早盖晚拉，以提高棚内温度做到高温养苗。

8.3 结果前期

从门椒坐果到门椒采收。此期不仅植株不断形成新枝、叶，还陆续开花结实。此时天气逐渐转暖，温度回升，光照逐渐增强，但仍然略显不足。管理的重点是：加强肥水管理，促进果实的膨大生长，防止落花落果，同时要创造良好的营养条件，促进茎叶生长，促其早发棵，发大棵，奠定丰产基础。因此要做好以下管理工作：

（1）温度管理：外界气温逐渐回升，随着天气的转暖要逐渐加大通风量，降温降湿以防落花落果，白天温度保持在 20～25℃，夜间 15℃ 以上。植株生长矮壮，节间短，坐果也多。当然还要做好防寒保温工作，防止"倒春寒"造成不必要的损失。

（2）加强肥水管理：此期是肥水的关键时期，要供给大肥大水，促进果实的膨大生长、新枝形成和陆续开花结实。一般门椒（果实长 3cm 左右）开始膨大生长时，选晴暖天气结束蹲苗，浇一次大水。最好是从膜下垄沟浇水。此后根据植株生长情况和天气变化，小水勤浇，经常保持地面湿润状态。

结合蹲苗后浇水进行第一次追肥，可随水浇灌腐熟粪稀 2 000kg 左右，或用硫酸铵 25kg 和钾肥（硫酸钾或氯化钾）8～10kg，或用复合肥 50kg。从坐果开始根据植株生长情况进行叶面喷肥，可很好地促进果实的膨大生长和调节植株生长势。在植株正常情况下，叶面喷施 0.1% 尿素和 0.2%～0.3% 的磷酸二氢钾混合液；如植株生长过旺，只喷施 0.2%～0.3% 的磷酸二氢钾。此外还可进行二氧化碳施肥。补充二氧化碳可使叶面积增大，叶片增厚，提早开花和增加开花结果数、单果重，从而达到增产、增收的效果。施用方法是：于揭苫 30 分钟后即行施放，浓度为 1 000~1 200μL/L，晴天施放 2 小时，阴天不施放。当室内气温上升到 30℃ 以上时要进行通风。

（3）早采门椒：门椒应适期早收。辣椒采收期不严格，只要果实个头基本长足，适期早采，能节省营养，对茎叶生长和以后坐果均有利。

8.4　结果盛期

对椒、四门斗进入迅速膨大采收期，上层果实也正陆续开花、坐果和膨大生长，植株还继续发生新枝、新叶，形成庞大的群体结构。此时温度升高，光照增强，有时高温已是生长的障碍。管理的重点是：继续加强肥水管理，促进果实的膨大生长；通过合理的植株调整，改善通风透光状况和调节内部养分的矛盾；同时防止植株早衰，延长结果期。具体要做好以下工作。

（1）温度管理：随着天气的转暖加大通风量，前期以防寒保温为主；后期以通风防高温危害为主。白天以 20~25℃ 为宜。当顶部通风量不足时，可将底脚揭开（放底风）加强对流；当外界最低温度稳定在 15℃ 时，夜间也要给予适量通风；当稳定在 18℃ 时可将前沿薄膜卷起固定在前横梁下。

（2）肥水管理：此期肥水管理仍很关键。浇水可参照结果前期的管理要求，只是随着气温的升高，更应勤浇水，通过浇水降低地温，调节气温。一般每 5~7 天浇水一次。浇水改为明沟浇水。

一般门椒采收后追肥一次，以后可酌情进行追肥，每隔 2~3 水进行一次追肥，共追 3~4 次，每次追施三元复合肥 10~15kg。施用草木灰做钾肥时，不能与粪稀或氮素化肥同时施用，以防降低肥效。叶面喷肥和二氧化碳施肥参照结果前期进行。

（3）植株调整：温室中生长的辣椒，生长旺盛，株形高大，枝条易折，为便于通风透光，可用塑料捆扎绳吊秧或在畦垄外侧用竹杆水平固定植株，防止植株倒伏。

在植株进入采收盛期时，枝叶已郁闭，行间通风透光差，为了改善这种状况，必须进行整枝。其方法是：及时将二或三权下的小权摘除；门椒结果期时，要根据稀密进行合理打权留枝；如有向内伸长的、长势较弱的副枝应尽早摘除，以利通风透光；在主要侧枝上的次级侧枝所结幼果，当直径达到 1cm 左右时，可根据植株的长势留 4~6 叶进行摘心。当中、后期长出徒长枝时也应摘掉。中后期还应及时摘除病叶、黄叶、老叶来改善通风透光状况，必要时还要进行疏花疏果。

生产中亦有从"四门斗"以上，剪掉一半侧枝的做法，防止上层形成小果。天津市农业科学院蔬菜研究所郭富常等研究指出：对辣椒进行环状剥皮，能使其养分分配规律发生变化，可增加果实的养分占有量，能增加其早期产量。早期产量增加 50%，但总产量减少 5% 左右。其方法是：在定植 15 天后在主茎距地表 8cm 处剥下宽度为 6mm、深度达到木质部的环状剥皮。目前环状剥皮虽是生产中一项非常经济的新技术措施，但为了安全起见，使用前应进行少量试验，待技术熟练后再逐步扩大使用面积。

8.5 结果后期

果实采收减少，植株茎叶变黄，生长衰弱，营养消耗殆尽。外界进入高温季节，光照强烈。管理的重点是防止植株衰败，延长结果期，促进上层果实成熟；合理整枝，改善通风透光状况，防高温灼伤。具体做好以下工作。

（1）降温防果实灼伤：进入炎夏高温季节，将前沿薄膜卷起呈天棚状，进行越夏栽培。当发现果实灼伤（日灼病）时，在塑料屋面上喷洒泥浆进行降温，或在棚膜内层喷洒专用降温剂进行降温。

（2）勤浇水降低土壤温度：进入炎夏，土壤温度高，易发生各种病害，因此要勤浇水，既保证植株对水分的要求，又降低土壤温度，防止各种病害的发生。

（3）加强植株调整，改善通风透光状况：若长出徒长枝时应及时摘掉。此外还应及时摘除病叶、黄叶、老叶以改善通风透光状况。必要时进行疏花疏果。

如需延迟栽培，还需进行剪枝。剪枝的时间不宜过早或过迟，以 8 月上中旬较为适宜。剪枝的方法是将"四门斗"椒以上的枝条全部剪去，以促发植株基部和下层的侧枝。

9 病虫害防治

坚持"预防为主，综合防治"的植保方针，针对不同防治对象及其发生情况，根据辣椒生育期，分阶段进行综合防治，优先采用农业措施、生物措施、物理措施防治，科学、合理施用化学农药防治。

9.1 农业防治

（1）加强苗床管理，看苗适时适量放风，培育适龄壮苗，提高抗逆性；平衡施肥，增施充分腐熟的有机肥，少施化肥；及时清除病苗，清洁苗床。

（2）对生长势强而高大的植株应当进行支架防倒伏。进入炎热季节，植株生长茂密时，随时剪去多余枝条或已结过果的枝条，并疏去病叶、病果。

9.2 物理防治

设置防虫网。防止蚜虫、潜叶蝇、粉虱等害虫进入。防虫网可直接罩在棚架上。一般选用 40 目以上的防虫网。

9.3　化学防治

（1）病害病毒病可喷施 8% 宁南霉素水剂 800~1 000 倍液。疫病可用 68.75% 银法利粉剂 500 倍液。根腐病可用 61% 氢氧化铜（600~800 倍液）+ 克露（500~700 倍液）灌根。

（2）虫害蚜虫可用 10% 吡虫啉可湿性粉剂 2 000 倍液进行药物防治。

10　收获

以采收嫩果为主的辣椒，当果皮变绿色，果实较坚硬，而且皮色光亮时，即可采收，从开花到采收，一般 20 天。对于采收成熟椒（即红椒）的，待果色转为红色或暗紫色时采收。采收工具和包装运输用具应清洁卫生。一般辣椒每亩产量为 4 000kg。

第二节　绿色食品　西瓜拱棚 生产技术操作规程

1　范围

本标准规定了 A 级绿色食品早春拱棚西瓜栽培的产地环境条件、品种选择、产量指标、栽培技术、病虫防治及农药肥料使用。

2　引用标准

下列标准所包含的条文，通过在本标准中引用而构成为本标准的条文。本标准出版时，所示版本均为有效。所有标准都会被修订，使用本标准的各方应探讨使用下列标准最新版本的可能性。

NY/T 391—2013　　绿色食品　产地环境质量

NY/T 393—2013　　绿色食品　农药使用准则

NY/T 394—2013　　绿色食品　肥料使用准则

3 产地环境

3.1 立地条件

选择空气清新，没有工业厂矿污染的地块。产地环境符合"绿色食品产地环境质量标准（NY/T 391—2013）"。

3.2 土壤要求

前茬为非瓜类作物，土壤耕层深厚，地势平坦，排灌方便，理化性状良好，有机质含量高，微酸性沙壤土，pH值6~7为宜。

4 育苗

4.1 品种选择

选用抗病虫、易坐果、外观和内在品质好的品种。采用全覆盖栽培和半覆盖栽培时，应选用耐低温、耐弱光、耐湿的品种。采用嫁接栽培时选用南瓜做砧木。

4.2 种子质量

西瓜的种子质量标准要求纯度≥95%，净度≥99%，发芽率≥90%，水分≤8%。

4.3 种子处理

将种子放入55℃的温水中，迅速搅拌10~15分钟，当水温降至40℃左右时停止搅拌，有籽西瓜继续浸泡4~6小时，洗净种子表面黏液；无籽西瓜种子继续浸泡1.5~2小时，洗净种子表面黏液，擦去种子表面水分，晾到种子表面不打滑时进行破壳。作砧木用的南瓜种子常温浸泡2~4小时。

4.4 催芽

将处理好的有籽西瓜种子用湿布包好后放在28~30℃的条件下催芽。将处理好的无籽西瓜种子用湿布包好后放在33~35℃的条件下催芽，胚根长0.5cm时播种最好。南瓜种子在25~28℃的温度下催芽，胚根长0.5cm时播种。

4.5 苗床准备

苗床应选在距定植地较近、背风向阳、地势稍高的地方。地膜覆盖栽培时用冷床育苗，全覆盖和半覆盖栽培时用温床育苗。

（1）营养土配制：用3~5年内未种植过瓜类作物的大田地或园土5份和充分腐熟的优质有机肥5份，混合后过筛，每立方米加硫酸钾型复合肥1.5~

2kg；或大田土 4 份、细炉渣 3 份、优质腐熟有机肥 3 份，混合后过筛，每立方米加硫酸钾型复合肥 1.5~2kg，或直接用穴盘基质育苗。

（2）护根措施：为了保护西瓜幼苗的根系，须将营养土装入育苗田的塑料钵、塑料筒或纸筒等容器内。塑料钵要求规格为：钵高 8~10cm，上口径 8cm；塑料筒和纸筒要求高 10~12cm，直径 8~10cm；或者选用穴盘育苗。

4.6 播种

（1）播种时间：10cm 深的土壤温度稳定 15℃，日平均气温稳定 18℃ 时为地膜覆盖栽培的直播或定植时间，育苗的播种时间从定植时间向前提早 25~30 天。单层大棚保护栽培、大棚加小拱棚双膜保护栽培、大棚加小拱棚加草苫二膜一苫保护栽培育苗的播种时间分别比地膜覆盖栽培育苗的播种时间提早 40 天、50 天、60 天。采用嫁接栽培时，育苗时间在此基础上再提前 15~20 天。

（2）播种方法：应选晴天上午播种，播种前浇足底水，先在营养钵（筒）中间扎一个 1cm 深的小孔，再将种子平放在营养钵（筒）上，胚根向下放在小孔内，随播种随盖营养土。盖土厚度为 1.0~1.5cm 播种后立即搭架盖膜，夜间加盖草苫。采用嫁接栽培，砧木播在苗床的营养钵（筒）中，接穗播在穴盘里。

4.7 嫁接

采用靠接法，在砧木和西瓜苗均出现心叶，砧木、西瓜苗大小相近时进行嫁接；采用插接育苗，在砧木出现心叶、西瓜苗两片子叶展平时进行嫁接。

4.8 苗床管理

（1）温度管理：出苗前苗床应密闭，温度保持 30~35℃，温度过高时覆盖草苫遮光降温，夜间覆盖草苫保温。出苗后至第一片真叶出现前，温度控制在 20~25℃。第一片真叶展开后，温度控制在 25~30℃，定植前一周温度控制在 20~25℃。嫁接苗在嫁接后的前 2 天，白天温度控制在 25~28℃，进行遮光，不宜通风；嫁接后的 3~6 天，白天温度控制在 22~28℃，夜间 18~20℃；以后按一般苗床的管理方法进行管理。

（2）湿度管理：苗床湿度以控为主，在底水浇足的基础上尽可能不浇或少浇水，定植前 5~6 天停止浇水。采用嫁接育苗时，在嫁接后的 2~3 天逐渐降低湿度，可在清晨和傍晚湿度高时通风排湿，并逐渐增加通风时间和通风量，嫁接 10~12 天后按一般苗床的管理方法管理。

（3）光照管理：幼苗出土后，苗床应尽可能增加光照时间。采用嫁接育苗时，在嫁接后的前 2 天，苗床应进行遮光，第 3 天在清晨和傍晚除去覆盖物接受散射光各 30 分钟，第 4 天增加到 1 小时，以后逐渐增加光照时间，一周后只在中午前后遮光，10~12 天后按一般苗床进行管理。

（4）壮苗标准：苗龄 35~40 天，株高 15cm 左右，3~4 片真叶，叶大色绿，根系发达，植株无病虫害、无机械损伤，嫁接苗嫁接口愈合得较好。

5 整地施肥

一般每亩施优质有机肥 5 000kg，三元复合肥（15-15-15）40kg，挖 1m 宽、25~30cm 深的丰产沟，采用分层施肥法，将全部的有机肥和 1/2 的复合肥施入沟内，填入部分熟土，并撒入土壤消毒剂（高锰酸钾、绿享二号等），将土肥混匀，然后把其余肥料施入 10cm 左右的表层土壤中，深耙两遍，耕平后等待定植。

6 定植

6.1 棚室消毒
扣棚后，每亩棚室用 0.5kg 硫黄粉、100g 百菌清或高锰酸钾，拌上锯末，密闭熏蒸一昼夜，放风，待无味时使用，同时，所用农具可一起放在棚内熏蒸消毒。

6.2 定植
瓜苗达到壮龄标准时，即可定植。定植时在丰产沟中央开 10~12cm 的深沟，沟内浇水，按 50~55cm 株距栽苗，栽后平沟、覆盖地膜。每亩定植密度为 700~800 株，露地栽培密度可适当大一点。

7 田间管理

7.1 缓苗期管理
防治病虫危害，死苗后应及时补苗。采用全覆盖和半覆盖栽培时，定植后立即扣好棚膜，白天棚内气温要求控制在 30℃ 左右，夜间温度要求保持在 15℃ 左右，最低不低于 5℃。在湿度管理上，一般底墒充足，定植水足量时，在缓苗期间不需要浇水。

7.2 伸蔓期管理
（1）温度管理：采用全覆盖和半覆盖栽培时，白天棚内温度控制在 25~28℃，夜间温度控制在 13~20℃。

（2）水肥管理：缓苗后浇一次缓苗水，水要浇足，以后如土壤墒情良好，开花坐瓜前不再浇水，如确实干旱，可在瓜蔓长 30~40cm 时再浇一次小水。

（3）整枝压蔓：早熟品种一般采用单蔓或双蔓整枝，中、晚热品种一般采用双蔓或三蔓整枝，也可采用稀植多蔓整枝。第一次压蔓应在蔓长 40~50cm 时进行，以后每间隔 4~6 节再压一次，压蔓时要使各条瓜蔓在田间均匀分布，主蔓、侧蔓都要压。坐瓜前要及时抹除瓜杈，除保留坐瓜节位瓜杈以外，其他全部抹除，坐瓜后应减少抹杈次数或不抹杈。

（4）其他管理：采用小拱棚、大棚内加小拱棚的栽培方式时，应在瓜蔓已较长、相互缠绕前、小拱棚外面的日平均气温稳定在 18℃ 以上时，将小拱棚拆除。

7.3　开花坐瓜期管理

（1）温度管理：采用全覆盖栽培时，坐瓜期植株仍在棚内生长，白天温度保持在 30℃ 左右，夜间不低于 15℃，否则将坐瓜不良。

（2）水肥管理：不追肥，严格控制浇水。在土壤墒情差到影响坐瓜时，可浇小水。

（3）人工辅助授粉：每天上午 9 时以前用雄花的花粉涂抹在雌花的柱头上进行人工辅助授粉。

（4）其他管理：待幼瓜生长至鸡蛋大小，开始褪毛时，进行选留，一般选留主蔓第二或第三雌花坐瓜，采用单蔓、双蔓、三蔓整枝时，每株只留一个瓜，采用多蔓整枝时，株留两个。

7.4　果实膨大期和成熟期管理

（1）温度管理：采用全覆盖栽培时，此时外界气温已较高，要适时放风降温，把棚内气温控制在 35℃ 以下，但温度不得低于 18℃。

（2）水肥管理：在幼瓜鸡蛋大小开始褪毛时浇第一次水，此后当土壤表面早晨潮湿、中午发干时再浇一次水，加此连浇 2~3 次水，每次浇水一定要浇足，当幼瓜定个（停止生长）后停止浇水。结合浇第一次水追施膨瓜肥，以速效肥为主，每亩追施饼肥 75kg，尽量避免伤及西瓜的茎叶。

（3）其他管理：在幼瓜拳头大小时将幼瓜瓜柄顺直，然后在幼瓜下面垫上麦秸、稻草或将幼瓜下面的土壤拍成斜坡形，把幼瓜摆在斜坡上。西瓜停止生长后要进行翻瓜，翻瓜要在下午进行顺一个方向翻，每次的翻转角度不超过 30℃，每个瓜翻 2~3 次即可。

8　病虫害防治

病害以猝倒病、炭疽病，枯萎病、疫病、病毒病为主；虫害以瓜蚜为主。

8.1　农业防治

（1）育苗期间尽量少浇水，加强增温保温措施，保持苗床较低的湿度和适合的温度，可预防苗期猝倒病和炭疽病。

（2）重茬种植时采用嫁接栽培或选用抗枯萎病品种，可有效防止枯萎病的发生。在酸性土壤中施入石灰，将 pH 值调节到 6.5 以上，可有效抑制枯萎病的发生。

（3）春季彻底清除瓜田内和四周的紫花地丁、车前等杂草，消灭越冬虫卵，减少虫源基数，可减轻瓜蚜危害。

（4）及时防治蚜虫，拔除并销毁田间发现的重病株，防止蚜虫和农事操作时传毒，可有效预防病毒病的发生。叶面喷施 0.2% 磷酸二氢钾溶液，可以增强植株对病毒病的抗病性。

8.2　物理防治

（1）糖酒液诱杀：按糖、醋、酒、水和 90% 敌百虫液体 3∶3∶1∶10∶0.6 比例配成药液，放置在苗床附近诱杀种蝇成虫，并可根据诱杀量及雌、雄虫的比例预测成虫发生期。

（2）选用银灰色地膜覆盖，可收到避蚜的效果。

8.3　化学防治

（1）猝倒病、立枯病的防治：于发病初期，用 70% 的普力克可湿性粉剂 400 倍液防治。

（2）疫病的防治：用 60% 百泰水分散粒剂 40~60g/亩。

（3）病毒病发病初期用 8% 宁南霉素 800~1 000 倍液喷施。

（4）瓜蚜的防治：10% 吡虫啉可湿性粉剂 2 000 倍液喷雾防治。

9　采收

中晚熟品种在当地销售时，应在西瓜完全成熟时采收，早熟品种以及中晚熟品种外销时可适当提前采收。在一天中，10—14 时为最佳采收时间。采收时用剪刀将瓜柄从基部剪断，每个瓜保留一段绿色的瓜柄。

第三节 绿色食品 冬瓜拱棚 生产技术操作规程

1 范围

本标准规定了A级绿色食品早春拱棚冬瓜栽培的产地环境条件、品种选择、产量指标、栽培技术、病虫防治及农药肥料使用。

2 引用标准

下列标准所包含的条文，通过在本标准中引用而构成为本标准的条文。本标准出版时，所示版本均为有效。所有标准都会被修订，使用本标准的各方应探讨使用下列标准最新版本的可能性。

NY/T 391—2013　　绿色食品　产地环境质量
NY/T 393—2013　　绿色食品　农药使用准则
NY/T 394—2013　　绿色食品　肥料使用准则

3 产地环境

3.1 立地条件
选择空气清新，没有工业厂矿污染的地块。产地环境符合绿色食品产地环境质量标准（NY/T 391—2013）。

3.2 土壤要求
前茬为非瓜类作物，土壤耕层深厚，地势平坦，排灌方便，理化性状良好，有机质含量高，疏松透气性好，土壤中有效氮、磷、钾的含量水平高，有益微生物菌群丰富、活跃的微酸性沙壤土。

4 培育壮苗

4.1 品种选择
选用优质、高产、抗病、抗逆性强、适应性广、商品性状良好的冬瓜品种。质量符合国家标准化要求。不得使用转基因品种。我县种植的冬瓜品种应以广东黑皮冬瓜为主选品种。

种子质量要求纯度≥95%，净度≥99%，发芽率≥90%，水分≤8%。

4.2　种子处理

冬瓜种子皮厚，而且有角质层，不易吸水。因而在催芽前，应先在清水中搓洗种子表面黏液，捞出后放在70℃水中搅拌烫种10分钟，然后在30℃的水中浸泡8~10小时。捞出冲冬洗干净后放在20~30℃条件下保湿催芽。每5~6小时，用温清水淘洗1次。一般3~5天后即可发芽。当芽长到相当于种子长度一半时，为播种最佳期。

4.3　育苗

（1）育苗场地应与生产田隔离，用温室、阳畦、温床育苗。

（2）营养土配制。用未种过瓜类蔬菜的园土或大田土5份与充分腐熟的优质有机肥5份，混合后过筛，过筛后每立方米营养土加腐熟捣细的鸡粪15kg、三元复合肥（15-15-15）3kg、50%多菌灵可湿性粉剂80g，充分混合均匀。

（3）播种。鲁中南地区春大棚冬瓜一般在1月下旬播种，将催好芽的种子播到浇透水的营养钵、纸钵的营养土上，一穴一粒，种芽向下放置，覆盖1cm厚的过筛药土，再覆盖地膜进行保湿，在25~28℃的条件下进行护根育苗。

（4）苗期管理。当子叶出土时，要揭开地膜。冬瓜秧苗出土后，即可采取降温降湿措施，以防徒长。

如发现戴帽苗，可以再覆盖1.0~1.5cm厚细沙土；如床土太湿，可撒些干土或细炉灰吸湿。气温控制在25℃左右。当秧苗长出一片真叶时，即为花芽分化期，这时要满足低温短日照的要求，气温保持在20~22℃，夜温15℃，每天8~10小时的短日照，以利于花芽分化。经过一周时间，花芽分化结束，才可倒苗分苗。

（5）壮苗标准。冬季苗龄在50天左右，株高15~20cm，茎粗，色绿，下胚轴（子叶下部的茎）3~4cm；4~7片叶，叶片肥大浓绿，子叶肥厚，根系发达，吸收根（即白色新根）多，整株秧苗硬而且有弹性，没有病虫害或机械损伤。

5　定植

5.1　定植时间

冬瓜是喜温耐热作物，生长期适宜温度在22~28℃，其中以25℃最好；

对光照要求不严，因而定植必须选择在温暖时期或创造出温暖环境。在拱棚内定植，一般在3月中旬。

5.2 整地施肥

每亩施充分腐熟有机肥5 000kg、三元复合肥（15-15-15）50kg。普施后耕翻30cm深，整平做畦，畦宽1.6m；在棚内生产，畦上应覆地膜，膜下留水沟，以备进行膜下暗灌，以减少棚内湿度，从而减少病虫害。

5.3 定植

定植前浇足底水，尽可能保持土坨完整，以防伤根。在春季拱棚内定植，必须选冷尾暖头的晴天中午进行。每畦两行，小行距70cm，株距50cm，按株行距打孔栽苗，然后浇透水。待水渗下后覆土封埯，也可移苗后就及时封埯，稍镇压后按畦浇水。

6 田间管理

6.1 缓苗前后的管理

定植后，要调节气温，保持在25~28℃，并保持土壤潮湿。一般经3~5天后，即可见心叶生长，而且出现新根，则证明缓苗成功。这时，应降温降湿，控温在23~25℃，并适当放风降湿。棚内生产要进行膜下暗灌。

6.2 水肥管理

在坐瓜前，结合盘条、压蔓、支架绑蔓浇一次催秧水，每亩追施三元复合肥（15-15-15）25kg，适当地促叶放秧，来解决营养跟不上果实发育的矛盾。这一水后，直到坐瓜和定瓜前则不能再浇，必须把秧控制住，严防跑秧化瓜，促使冬瓜由营养生长为中心转向生殖生长为中心。待瓜长到1~1.5kg，为促使其迅速肥大，可结合追肥浇一次催瓜水，以后的灌溉次数和水量以使地表经常保持微湿的状态为准，切不可湿度过大；同时必须在雨季注意排水，以防烂瓜和根腐病的发生。

6.3 光照和温度管理

冬瓜为短日照蔬菜，结合低夜温有利于花芽分化，但在整个生长发育方面还是要求强烈的光照。对于大棚冬瓜生产可采用无滴膜，清洁棚面等措施来增加光照；对于阴天达7天以上的可以采取补光措施，同时还可早揭晚盖草苫以增加光照时间。遇到特殊的严寒天气，可以进行临时加温。连阴天，在保证作物生理机能不发生紊乱的情况下，要保证昼夜温差，以防出现"化瓜"等不良现象。在炎热的夏季容易日灼，需要用叶将瓜盖住；或用麦秆覆盖根部，以降温保墒，延长生长期，增加后期产量。果面上粉前要用草圈或砖石等将瓜垫起，以免地面湿热，引起烂瓜或受地下害虫的危害。

6.4　植株调整

（1）整枝除早熟小型冬瓜采收数个果外，一般大型冬瓜每株只留 1~2 个果实，所以一般使主蔓结瓜，其余侧枝除留瓜旁一侧枝外，均宜摘除。

（2）压蔓必须进行压蔓，压蔓可增加根系的吸收面积，控制徒长，促进雌花的发生。方法是在主蔓长达 0.7~1m 时，在龙头下边 2~3 个叶处，将蔓用土压定，使之生根。

（3）支架小型冬瓜可采用小架，蔓长 38~66cm 时插架。架高 1~1.3m，由 3~4 根架材构成三角或四角架。大型冬瓜可地面匍匐生长。

（4）定瓜、摘心待瓜发育到 0.5~1kg 时，选择瓜型好、个体大、节位适宜的留下，其余摘除。

7　病虫害防治

7.1　农业防治

疫病防治可选用抗病力强的青皮品种；进行合理轮作倒茬；增施钾、磷肥，控制氮肥；及时排水防涝。

7.2　物理防治

采用银灰色膜驱蚜；黄板诱蚜；蚜虫防治可设置防虫网。

7.3　化学防治

每亩可用 60%的百泰水分散粒剂 40~60g，喷雾防治疫病。利用 10%吡虫啉可湿性粉剂 2 000 倍液喷雾防治蚜虫。

8　适时采收

小型冬瓜达食用成熟时收获，大型冬瓜则于生理成熟时采收。生理成熟的物征：果皮上茸毛消失、果皮暗或白粉满布。采收时留果柄。

第四章 绿色食品露地绿色食品生产技术操作规程

第一节 绿色食品 芸豆生产技术操作规程

1 范围

本标准规定了 A 级绿色食品芸豆露地栽培的产地环境条件、品种选择、产量指标、栽培技术、病虫防治及农药肥料使用。

2 引用标准

下列标准所包含的条文,通过在本标准中引用而构成为本标准的条文。本标准出版时,所示版本均为有效。所有标准都会被修订,使用本标准的各方应探讨使用下列标准最新版本的可能性。

NY/T 391—2013   绿色食品   产地环境质量
NY/T 393—2013   绿色食品   农药使用准则
NY/T 394—2013   绿色食品   肥料使用准则

3 产地环境

3.1　立地条件
选择空气清新,没有工业厂矿污染的地块。产地环境符合绿色食品产地环境质量标准(NY/T 391—2013)。

3.2　土壤要求
前茬为非豆科蔬菜作物,土壤耕作土层深厚,地势平坦,排灌方便,土壤结构适宜，理化性状良好，有机质含量高，土壤中有效氮、磷、钾的含量水平高，pH值以微酸性和中性为好。

4　品种选择

根据季节选取适宜品种，选择抗病、优质、高产、商品性好、符合目标市场消费习惯的品种。一般要求种子纯度、净度≥98%，发芽率≥85%。播种前要进行种子精选，剔除异色粒、秕粒和病虫粒，选择籽粒大小均匀、饱满、颜色一致的籽粒作种子。

5　整地施肥

芸豆根系发达，要求土层深厚。每亩施入腐熟农家肥3 000~4 000kg，并加施三元复合肥（15-15-15）20kg，然后翻耕，根据栽培模式做畦（高畦或平畦）。

6　播种

6.1　播前准备
播种前最好将种子晾晒1~2天，这样可以提高种子活力，增强发芽势，以保证苗齐、苗全、苗壮。播种前也可以用芸豆根瘤菌和花生根瘤菌拌种，既能提高芸豆的产量，又能增加土壤肥力，在瘠薄或新开垦的土地上效果尤为明显。

6.2　播期选择
一豆为喜温作物，播种期一般以10cm地温稳定在12~13℃时较适宜。如播种过早，地温低，出苗缓慢，容易导致病虫害的发生和种子霉烂。播种过晚，会出现贪青、霜前不能正常成熟，降低产量，影响商品质量。播种期要因地区、品种、用途及栽培方式而异早熟品种可以适当晚播，晚熟品种应适当早播。一般4月上旬至5月上中旬播种。

6.3　播种方法
采用机械条播或人工穴播。矮生直立型品种行距一般为50~60cm，株距10cm；穴播时穴距25~30cm。每穴播4~5粒种子，穴保苗3~4株；蔓生型品种行距70~100cm，株距25~30cm，穴保苗2~3株。播种量要根据百粒重的大小而定，百粒重小于30g为5kg/亩；百粒重大于50g约为8kg/亩。

7　田间管理

7.1　施肥

芸豆根瘤不发达，幼苗期间固氮能力弱，要施足底肥，以促进幼苗生长发育。氮肥不宜施入过多，以免造成植物徒长，生育期延长。施入种肥时要根据不同类型不同熟期品种而定，矮生早熟芸豆品种如果已施用种肥，可不再追肥。由于矮生芸豆生育期短，及时早施效果好。蔓生品种生育期长，在施用种肥的同时，以开花前追施效果最佳。

7.2　中耕除草

芸豆在整个生育期间要进行2次中耕除草。幼苗期进行中耕除草，既可以防止土壤水分蒸发，又可以防止杂草与幼苗争肥、争光。中耕除草一定要在芸豆开花前结束，这样避免损伤花荚。生育后期应加强田间管理，及时拔掉地里的杂草，以免草荒影响芸豆的生长发育，造成减产。

7.3　合理密植

留苗密度要根据品种特点和当地生产条件来决定。早熟直立品种可适当密植，晚熟蔓生品种则应稀植；瘠薄土壤适当密植，肥沃土壤宜稀植；耐瘠薄品种宜密植，喜肥水品种应稀植；分枝少的品种宜密植。一般早熟直立型品种密度为1 200~1 500株/亩，晚熟蔓生型品种为800~1 000株/亩，当蔓生型品种主茎长到40~50cm。时搭架。搭架时木棍需离植株10cm左右，以免伤根。芸豆除单作外，还可与其他作物如玉米、棉花、马铃薯、向日葵等进行混种、间种和套种。芸豆抽蔓时，借助玉米、高粱、向日葵的茎为支架。秋天可同时收获。

7.4　浇水

生育前期以保墒为主，一般不需要太多水分，水分太多地温偏低，影响根系发育，易感染苗期病害。若天气干旱，土壤绝对含水量低于10%时，有条件的地方适当浇一次小水，浇水后及时中耕，以免土壤板结，开花结荚期芸豆需水分最多，当土壤含水量低于13%时严重影响产量。有条件的地方应进行灌水，以防止落花、落荚。雨水过多易造成田间积水，对芸豆生长也不利，应及时开沟排水。

8　病虫害防治

病害主要有炭疽病、病毒病、根腐病、锈病等。虫害有豆荚螟、蚜虫、潜叶蝇等。

坚持"预防为主、综合防治，农业防治、物理防治、生物防治为主，化学防治为辅"的原则。

8.1 农业防治

实行两年以上轮作，选用抗病、抗虫品种。

8.2 物理防治

设防护设施，夏季应用防虫网；诱杀和驱避，露地铺银灰地膜或挂银灰膜条驱蚜，设置频振式杀虫灯诱杀害虫。

8.3 化学防治

（1）炭疽病。发病初期用 25％嘧菌酯悬浮剂（使用浓度为 25～50mL／亩）喷雾防治。

（2）根腐病。根腐病病害初期，可用 25％咯菌腈悬浮剂 2 000 倍灌根。

（3）斑潜蝇。可用灭蝇胺喷雾防治。

（4）蚜虫。可用 10％吡虫啉可湿性粉剂 2 000 倍液防治。

8.4 生物防治

利用天敌进行杀灭。

9 采收

一般青荚达到食用采收期时，果形肥大，色泽鲜亮，肉质柔嫩，应及时采收。采收过晚，荚易老化，影响品质。采摘时不要碰掉或损伤幼荚和花朵。

第二节 绿色食品 豇豆栽培技术操作规程

1 范围

本标准规定了 A 级绿色食品豇豆栽培的产地环境条件、品种选择、产量指标、栽培技术、病虫防治及农药肥料使用。

2　引用标准

下列标准所包含的条文，通过在本标准中引用而构成为本标准的条文。本标准出版时，所示版本均为有效。所有标准都会被修订，使用本标准的各方应探讨使用下列标准最新版本的可能性。

NY/T 391—2013　　绿色食品　产地环境质量

NY/T 393—2013　　绿色食品　农药使用准则

NY/T 394—2013　　绿色食品　肥料使用准则

3　产地环境

3.1　立地条件

选择空气清新，没有工业厂矿污染的地块。产地环境符合绿色食品产地环境质量标准（NY/T 391—2013）。

3.2　土壤要求

前茬未种植豇豆或菜豆蔬菜作物，土壤耕作层深厚，地势平坦，排灌方便，土壤结构适宜，理化性状良好，有机质含量高，土壤中有效氮、磷、钾的含量水平高，有益微生物菌群丰富、活跃的中性或微酸性壤土或棕壤土。

4　品种选择

810 长豇豆、宁豇 2 号、夏宝 2 号。

5　整地施肥

豇豆的根系较深，较耐土壤瘠薄和干旱，不耐涝，为实现早熟、丰产，应选土层深厚、排灌方便，又不至极端干燥的土壤，做成宽 1m，深 0.3m 的种植行。每亩施有机肥 4 000kg。

6　播种

播种质量直接影响到种子发芽和幼苗质量。提高播种质量，可以保证苗全苗旺，促进早熟增产。一般采用穴播，每穴点 2~3 粒，春季播种株距为

0.4m，夏秋株距为 0.35m，采用双行种植。

7 合理施肥，苗期预防徒长，后期防止早衰

豇豆在开花结荚前对肥料要求不多，前期应适当控制肥水，豇豆开花结荚期要消耗大量养分，对肥水要求较高，应浇足水并每亩追施尿素 10kg。盛荚期后，若植株尚能继续生长，应加强肥水管理，促进侧枝萌发，促进翻花，并使已采收过的花序上的花芽继续开花结荚，以延长收获期，提高豇豆产量。

8 支架引蔓

当幼苗开始抽蔓时应搭支架，按每穴插一竹竿，搭成人字架，支架高 2m，当蔓长 0.3m 时，按逆时针方向将豆藤绕道竹竿上。

9 整枝

整枝是调节豇豆生长和结果，减少养分消耗，改善通风透光，促进开花结荚的有效措施，特别是在早熟密植栽培情况下，防治茎叶过于繁茂，有利于早开花结荚，提早收获上市。整枝包括抹底芽、打腰杈、主蔓摘心和摘老叶等。主蔓花序开花结荚。主蔓第一花序以上各节位上的侧枝，留 1~3 叶摘心，保留侧枝上的花序，增加结荚部分。第一次产量高峰过后，叶腋间新萌发出的侧枝也同样留 1~3 节摘心，留叶多少视密度而定。主蔓长至 15~20 节，高达 2~2.3m 时，摘心封顶，控制株高。顶端萌生的侧枝留一叶摘心，豇豆生长盛期，底部若出现通风透光不良，易引起后期落花落荚，可分次剪除下部老叶，并清除田间落叶。

10 病虫害防治

幼苗期防治地下害虫、蚜虫，花期防治豇豆螟、钻心虫，及时防治锈病、根腐病、病毒病等。

10.1 农业防治

（1）选用抗虫品种，加强栽培管理。

（2）发病重的地块应实行轮作，高畦或深沟窄畦栽培。

10.2 物理防治

清沟排水，及时清除田间落花、落荚，摘除病害的卷叶和豆荚，及时清

除病株残体，并集中烧毁或深埋。

10.3　化学防治

（1）豇豆根腐病：根腐病病害初期，可用 25% 咯菌腈悬浮剂 2 000 倍灌根。

灌根的药液浓度可稍加大，每隔 7~10 天浇一次，浇 4~5 次，喷雾的药液按比例对水，重点喷射豆株茎基部，每隔 7~10 天喷 1 次，连续喷 3 次。

（2）豇豆锈病：用多菌灵等每隔 7~10 天喷 1 次，连续 2~3 次。

（3）豇豆钻心虫和豆荚螟：每隔 7~10 天喷 1 次，连续 2~3 次。喷药时间以早晨花瓣张开时为好，此时虫体可充分接触药液，药剂可选用菊酯类等。若在结荚后用药一定要在采摘后喷药，禁止采前喷药，避免食用豆荚中毒。豆荚螟常与豇豆钻心虫伴随发生，此虫也以幼虫咬食豆荚，钻蛀豆粒。

11　适时采收

豇豆采收必须及时，勤采，增加采收次数。一般播种后 60~80 天即可采嫩荚。花后 10~15 天豆荚长至该品种标准商品形状，荚果饱满柔软，子粒未显露时为采收适期。豇豆每花序有 2 对花芽，能结 2~4 条果，同一花序的着荚由茎部向顶部推移，各对花相互对生，为使以后的花芽能正常开花结荚，采收时要特别注意，在荚果柄部小心剪下，勿伤花序和留在上面的小花蕾。采收要及时，对防止植株早衰和促进多结荚十分重要。一般初收期 5 天左右采收 1 次，盛期隔一天采收一次，这样既能保证品质，又能，挂荚果长大，从而提高产量。一般每亩的产量为 3 000kg。

第三节　绿色食品　莴苣生产技术操作规程

1　范围

本标准规定了 A 级绿色食品莴苣栽培的产地环境条件、品种选择、产量指标、栽培技术、病虫防治及农药肥料使用。

2 引用标准

下列标准所包含的条文，通过在本标准中引用而构成为本标准的条文。本标准出版时，所示版本均为有效。所有标准都会被修订，使用本标准的各方应探讨使用下列标准最新版本的可能性。

NY/T 391—2013　　绿色食品　产地环境质量

NY/T 393—2013　　绿色食品　农药使用准则

NY/T 394—2013　　绿色食品　肥料使用准则

3 产地环境

3.1 立地条件

选择空气清新，没有工业厂矿污染的地块。产地环境符合绿色食品产地环境质量标准（NY/T 391—2013）。

3.2 土壤要求

选择耕层深厚，地势平坦，排灌方便，理化性状良好，有机质含量高的微酸性沙壤土。

4 品种选择

选用优质、高产、抗病、抗虫、抗逆性强、适应性广、商品性好的品种；质量符合国家标准化要求；不得使用转基因品种。

5 种子处理

莴苣种子小，发芽快，一般多用干籽直播。种子一般只进行晾晒灭菌。如果浸种催芽，则先用凉水浸泡5小时，然后放在16~18℃条件下见光催芽（莴苣种子为喜光性种子），经2~3天即可出芽。

6 播种期确定

莴苣可以长年生产，因此可以多茬育苗。在春季4月采收的莴苣，可在2—3月播种；在5—6月采收的莴苣应选用抗热、抗病、抽薹晚的品种播种，一般在 4 月播种；9—10 月采收的莴苣，一般在 6—7 月播种；冬季可在棚室内生产。在播种育苗床上，可随时播种，每月播种一茬、定植一茬、收获一茬，做到边播种、边定植、边收获。

7 培育无病虫适龄壮苗

7.1 配制床土

由于栽培季节不同，所以有露地育苗和保护育苗两种形式，育苗可以在生产田里就地播种，也可用营养钵育苗（或穴盘）。育苗床土为 50% 充分腐熟的有机肥和 50% 的园土或大田土，混合过筛后，平铺在苗床上。

7.2 播种与苗期管理

播种前，苗床浇足底水，水渗下后撒 0.5cm 的细土，随后即可播种。播种后，盖细潮土 0.5~0.8cm，保持土温 15~18℃，盖塑料膜或草帘保温，一般经 5 天可出土。如果露地育苗，在出土后 10 天左右（一叶期），则可进行间苗，苗距 4~5cm，使其得到充足的光照，防止徒长。要经常中耕促根，预防湿度过大或夏季高温多雨的影响。在育苗后 1 个月，应满足低温和短日照的要求，以预防先期抽薹。定梢前，要达到壮苗标准。

7.3 壮苗标准

一般苗龄为 30~50 天，具有 6~7 片叶，须根较多，茎黑绿，较粗、叶片大而宽，株高 15cm 左右，植株无病虫害和机械损伤。

8 定植

8.1 整地施肥做畦

将土地深翻 25~30cm，结合整地每亩施充分腐熟的有机肥 30 kg。

8.2 适时定植

达到壮苗标准后要及时定植。定植前苗床浇足底水。挖苗时带 6~7cm 长的主根，尽量保持土坨完整。主根留得太短栽后须根发的少不易缓苗；留得太长栽时根弯在土中，新根也发不好，影响苗子的生长。早春定植时，由于气温低，栽植的深度应比秋栽的稍深，浅了易受冻，过深不易发苗，将根颈部分埋入土中即可，按行株距各 30cm 打穴浇水，待水渗下后封埯。夏季和秋季定植应选择晴天下午或阴天进行；早春定植应在晴天上午进行，以利缓苗。

8.3 定概后的管理

早春定植莴苣，由于温度较低，缓苗前一般不需浇水。缓苗后结合浇水可追施速效性的氮肥，以促进叶数增加及叶面积的扩大，深中耕后控制浇水进行蹲苗，使形成发达的根系及莲座叶。当长出两个叶环，莲座叶已充分肥大，心叶与莲座叶平头时茎部开始肥大，这时应月勘齐攻，并增施钾肥。在茎部伸长肥大期浇水要均匀，每次的追肥量不宜太大，以防茎部裂口。秋莴苣定植后浅浇勤浇直至缓苗，缓苗后施一次速效性氮肥，以后适当减少浇水，中耕促使根系发展。"团棵"时追施第二次肥，以加速叶片的生长和叶面积的扩大。总之秋莴苣生长过程中，要避免缺肥缺水，否则易引起"蹿"。群众的经验是："莴苣有三蹿，旱了蹿、涝了蹿、饿了蹿"。

9　病虫害防治

9.1　农业防治

防治霜霉病实行合理轮作，选用抗病品种，加强田间管理，预防高温；茎腐病的防治应选用抗病品种，精选种子用10%盐水选种，淘汰劣种。加强田间管理，预防高湿偏氮；蚜虫的防治，种植地爽避开蚜虫高发区，加强田间管理，及时清理田园杂草。

9.2　化学防治

（1）霜霉病。可用72.2%霜霉威600~800倍液喷雾防治。

（2）茎腐病。可用72.2%普力克水剂400倍液，每平方米喷淋兑好的药液2~3L，或用25%嘧菌脂胶悬剂1 500倍液，每平方米2~3L。

（3）蚜虫。可用10%吡虫啉可湿性粉剂2 000倍液喷雾防治。

10　适时采收

莴苣主茎顶端与最高叶片的叶尖相平时（即"平口"）为收获适期，这时茎部充分膨大，品质脆嫩。收获太晚，花茎伸长，纤维增多，肉质变硬甚至中空，品质下降。采收用的刀具、贮运工具要清洁卫生，以防二次污染。产量为5 000kg/亩。

第四节　绿色食品　生姜生产技术操作规程

1　范围

本标准规定了 A 级绿色食品露地生姜栽培的产地环境条件、品种选择、产量指标、栽培技术、病虫防治及农药肥料使用。

2　引用标准

下列标准所包含的条文，通过在本标准中引用而构成为本标准的条文。本标准出版时，所示版本均为有效。所有标准都会被修订，使用本标准的各方应探讨使用下列标准最新版本的可能性。

NY/T 391—2013　　绿色食品　产地环境质量
NY/T 393—2013　　绿色食品　农药使用准则
NY/T 394—2013　　绿色食品　肥料使用准则

3　产地环境

3.1　立地条件
选择空气清新，没有工业厂矿污染的地块。产地环境符合绿色食品产地环境质量标准（NY/T 391—2013）。

3.2　土壤要求
选择土层深厚，地势平坦，土壤肥沃，有机质含量高，排灌方便的田地。微酸性土壤，以 pH 值 5~7 的范围内较好。要求 3~5 年以上没有种过姜。

4　姜种选择

要选择头年生长健壮、无病、高产的地块选留，收获后选择肥壮、奶头肥圆、芽头饱满、个头大小均匀、颜色鲜亮、无病虫伤疤的姜块贮藏。

4.1　晒姜和困姜
在旬平均气温 10℃左右时（一般在 3 月上中旬），从窖内取出姜，用清水洗净，为防止姜瘟病，先用农用链霉素、新植霉素 500mg/kg 浸种 48 小时后，晾晒 1~2 天，以减少姜块内自由水量，提高姜块温度。晒后，置室内堆放 2~3 天，姜堆上覆草帘，保持一定的温湿度和黑暗，使种姜养分分解，这叫作"困姜"。晒姜和困姜交替进行 2 次，即可进行催芽，晒姜时要注意适度，尤其是较嫩的姜种，不可爆晒，阳光强时应用苫子遮荫，以免种姜失水过多，姜块干缩，出芽细弱。

4.2　选种

在晒姜、困姜过程中，开始催芽前，须进行严格选种，选择肥大、丰满、皮色有光泽，肉色鲜黄、不干缩、质地硬、未受冻、无病虫害的健康姜块作种。严格淘汰干瘪、瘦弱、发软和变褐色的种姜。根据当地实际和市场需求，选择根茎稀少、姜块肥大的疏苗型姜种，如莱芜生姜等，也可选择根茎多密、姜块中等的密苗型姜种，如莱芜片姜、浙江红爪姜等。引进的品种须通过检疫，防止检疫性病虫害传入。

4.3　催芽

催芽可采用温床催芽，方法是选择地势干燥，背风向阳处建床，床内放姜数层，厚 20~25cm，层间可撒些细土或细沙，其上盖一层薄草，再盖一层土或细沙，最后加膜覆盖。催芽的温度应保持在 22~25℃，湿度在 75%左右。

5　播种

在 4 月上旬栽植较好，早播分枝多，产量高；晚播分枝少，产量低。一般每亩播种 300~400kg、7 000~9 000 株为宜。

播前将姜块再选一次，每块大种姜可分成 40~60g 重的小块，每块留 1~2 个芽，其余芽用利刀削去。然后开沟，沟距 48~50cm，沟宽 25cm，沟深 10cm 左右，顺沟浇透水，等水渗下后即可排放种姜。一般是将种姜顶端朝上，但若将来准备及早收回种姜，则把种姜水平摆入沟内，姜芽朝南或东南，使姜芽与土面相平，这种播法，种姜与新姜的姜母垂直相连，便于扒老姜。随排种随用细土盖在种姜上，以防日晒伤芽，播完后覆土 4~5cm。覆土太厚，地温低；覆土太薄，则表土易干燥，影响出芽。

6　田间管理

6.1　追肥

姜根耐肥，除施足基肥外，要多次追肥。发芽期不需追肥，幼苗期很长，虽需肥不多，但为幼苗长势健壮，应在苗高 30cm，并具有 1~2 个小分枝时，每亩随水冲施人粪尿 1 000kg，或磷酸二铵 20kg；立秋前后，姜苗多处在三股杈阶段，以后需肥量增大，可结合拔除姜的遮荫物，每亩施腐熟的有机肥 2 000kg，或用饼肥 70~80kg，为提高效果可加入一定量的生物菌肥，追肥时在姜苗北侧 15cm 处开沟施入。9 月上旬姜的根茎进入旺盛生长期，为促进姜的迅速膨大，可根据长势，追一次"补充肥"，每亩施三元复合肥（15-15-15）20~25kg。

6.2　浇水

姜不耐旱，喜温而忌水淹，对土壤湿度要求严格。播种后，为提高地温，促进出芽，可保持土壤一定的干燥状（如土壤湿度太差，要适当浇小水），等到 70% 的芽出来后再浇小水，然后中耕保墒，促进幼苗生长旺盛，此期不需追肥；幼苗期需水肥都较少，由于根系吸收能力弱，应小水勤浇，此时也正值夏季，可降低地温。以早、晚浇水为好，雨季要排水防涝，热雨后要浇井水降温，以避免姜瘟病的发生。立秋以后，进入旺盛生长期，此时需水量较大，一般一周浇一次大水，以便收获时姜块上带潮湿泥土，利于窖藏。

6.3　遮阳

姜不耐高温、强光，在花荫状态下生长良好。以东西沟栽培为例，播种后，可用谷草 3~4 根为一束，按 10~15cm 的距离交互斜插在姜沟南侧土中，并编成花篱，高 70~80cm，稍向北倾斜 10°~12°，亩用谷草 400kg，也可用玉米秸、麦草等遮荫。立秋后，天气转凉，光照减弱，根茎迅速膨大时，要求有充足的光照，要及时撤除遮荫物。遮荫效果以 3 分透光 7 分遮荫为好，可降低姜田气温 1~2℃，降低 5cm 深处地温 3~6℃，正适宜姜的生长发育。通过遮荫，姜叶色深绿，植株健壮，分枝增多，可增产 15%~20%。

6.4　培土去蘖

生姜根系浅，要结合浅锄去蘖，进行培土。每个种块保留 1~2 根壮苗，以后每隔 15 天培土一次，一共培土 2~3 次。一般姜株培有 5~6 寸（1 寸≈0.033m）高土埂即可，使地下茎不露出地面，以利姜块生长。为防止姜苗徒长，促进地下茎肥大，立秋前后在早晨露水未干时抽去姜苗顶心，以后每 10 天抽顶心一次。

6.5　中耕除草

生姜为浅根性作物，根系主要分布在土壤表层，不宜多次中耕，以免伤根。一般在出苗后结合浇水，中耕 1~2 次，并及时消除杂草。进入旺盛生长期，植株逐渐封垄，杂草发生量减少，可人工拔除杂草。可采用黑色地膜覆盖或覆盖白色地膜再盖一层薄土等方法防除杂草。

7 病虫害防治

生姜生产中常发生，造成生产损失较重的病害主要有姜瘟病、叶枯病、斑点病、炭疽病等，虫害主要是姜螟。

按照"预防为主，综合防治"的植保方针，坚持以"农业防治、物理防治、生物防治为主，化学防治为辅"的治理原则。

（1）农业防治。抗病品种针对当地主要病虫控制对象，选用高抗多抗的品种。

创造适宜的生长环境条件，培育适龄壮苗，提高抗逆性；深沟高畦，严防积水，清洁田园，避免侵染性病害发生。

耕作改制作物轮作。

科学施肥测土平衡施肥，增施充分腐熟的有机肥，少施化肥，防止土壤盐渍化。

（2）物理防治。覆盖防虫网和遮阳网，进行避雨、遮阳、防虫栽培，减轻病虫害的发生。

（3）化学防治。姜瘟病是一种细菌性病害，姜种要用农用链霉素、新植霉素 500g/kg 浸种 48 小时，梢株病穴用 72%农用链霉素 3 000~4 000倍液灌注。

斑点病真菌性病害，发病初期用甲基硫菌灵（甲托）可湿性粉剂 1 000倍液防治。

病毒病发病初期发病初期喷洒 8%宁南霉素水剂，75~100g/亩喷雾。

姜螟幼虫乳白色，老熟淡黄色，长 2.8mm。用 25%灭幼脲悬乳剂 1 000倍液喷雾防治。

8 收获

收姜主要是种姜、嫩姜和老姜（鲜姜）。自姜种播后养分消耗不多，重量只比播种时减少 10%~20%，不易腐烂，组织变粗，辣味更浓，都可回收。根据实际情况可在姜植株 4~5 叶时采收，也可与老姜一块收获（兰陵多数都这样）。立秋后可采收嫩姜，此时值根茎旺盛生长期，组织柔嫩，纤维少，辣味淡，适于腌渍、酱渍和糖渍。霜降后，根茎充分膨大老熟，可择晴天掘收，此时辣味浓，耐贮藏，主要做留种或制干姜调味品。如留种，需在下霜前出姜，霜后姜不要作姜种。

第五节　绿色食品　大蒜生产技术操作规程

1　范围

本标准规定了 A 级绿色食品大蒜栽培的产地环境条件、品种选择、产量指标、栽培技术、病虫防治及农药肥料使用。

2　引用标准

下列标准所包含的条文，通过在本标准中引用而构成为本标准的条文。本标准出版时，所示版本均为有效。所有标准都会被修订，使用本标准的各方应探讨使用下列标准最新版本的可能性。

NY/T 391—2013　　绿色食品　产地环境质量
NY/T 393—2013　　绿色食品　农药使用准则
NY/T 394—2013　　绿色食品　肥料使用准则

3　产地环境

3.1　立地条件
选择空气清新，没有工业厂矿污染的地块。产地环境符合绿色食品产地环境质量标准（NY/T 391—2013）。

3.2　土壤条件
选择富含有机质、透气性好、保水、排水性能好的砂质壤土或壤土或砂姜黑土，要求地势较高、平坦，地下水位较低，pH 值以 6 为宜。

4　品种

选用高产、优质、商品性好、抗病虫、抗逆性强的品种，种子质量符合国家标准，不得使用转基因品种。

4.1　选种
播种前要严格精选蒜种，选择头大、瓣大、瓣齐且有代表性的蒜头，清除霉烂、虫蛀、沤根的蒜种，随后掰瓣分级。苍山大蒜一般分为大、中、小三级，先播一级种子（百瓣重 500g 左右），再播二级种子（百瓣重 400g 左右），原则上不播三级种子。

4.2 用种量

每亩大田需大蒜种约 100kg。

4.3 提纯复壮

采用异地换种、脱毒、气生鳞茎繁殖等措施进行提纯复壮，可有效改良种性，增强抗性，增产效果显著。

5 整地施肥

5.1 施足基肥

大蒜需肥较多，施肥以有机质肥料为主、化肥为辅，基肥为主、追肥为辅。耕翻土地前每亩施腐熟有机肥 4~5m³，整平耙细（土块直径应小于 3cm）后做畦，把畦面整平后再施入速效化肥，施用量因地力而定，可通过测土进行配方施肥。肥力中等土壤可每亩施硫基复合肥（15-15-15）70kg、生物有机肥 80~120kg（集中施）、尿素 15kg，同时补施硼、锌、硫等中、微量元素肥。

5.2 整地做畦

施肥后进行细耕、细耙，做畦。畦面耙平，以免影响地膜覆盖和蒜苗整齐度。畦宽 1.80m，畦间沟宽 20cm，深 10cm。

5.3 土壤处理

用苦参碱+阿维菌素颗粒剂防治蒜蛆等地下害虫，同时可施入敌克松、多菌灵、百菌清、地菌净进行土壤消毒，以防治土传病害。

6 播种

6.1 播种时间

大蒜适宜的发芽温度是 15~20℃。如播种过早，大蒜出苗缓慢，易造成烂瓣。

播期为 9 月 20 日至 10 月 15 日。

6.2 播种密度

大蒜每亩种植 2 万~2.5 万株为宜，行距 20cm，株距 10~15cm。

6.3 播种方法

地膜覆盖栽培播种深度为 2.5~3.0cm，然后盖土覆膜，覆膜时要将地膜拉平、拉紧，两边用土压实，让地膜紧贴地面，以利大蒜出苗。

6.4　化学除草及科学覆膜

播种后立即浇水，要浇透，避免蒜种跳瓣，造成出苗不齐。同时在放叶前（播种 5 天以后）打一次除草剂，然后盖膜。覆膜时可用竹片或镰刀头背将地膜边缘压入土中，注意尽量拉平地膜，以贴紧地面，并用脚轻踩缝隙封口，防风刮揭膜。地膜与地表贴的越近越好，有利于出苗、保温保湿、增强植株的抗逆性。

7　田间管理

7.1　苗期管理

播种后 7 天，幼芽开始出土。在芽未放出叶片前，用扫帚等轻轻拍打地膜，蒜芽即可透出地膜。地面平整、播种质量高、地膜拉的紧的，通过拍打，70%~90% 的蒜芽可透过地膜，少量幼芽不能顶出地膜，可用小铁钩及时破膜拎苗，否则将严重影响幼苗生长，也易引起地膜破裂。

7.2　冬前及越冬期管理

出苗后视土壤墒情和出苗整齐度可浇一次小水，以利苗全，打好越冬基础。壤土或轻黏壤土可于覆盖地膜前浇水，黏土地可覆盖地膜后浇水或不浇。若发现有蒜蛆（种蝇）危害，应及时用辛硫磷灌根。根据墒情，可于 11 月上中旬浇越冬水，必须浇透，越冬水切勿在结冰时浇灌。越冬期间应特别注意保护地膜完好，防止被风吹起，若有发现应及时压。

7.3　返青期管理

翌年 2 月中旬，即"惊蛰"前，气温上升，蒜苗返青生长，在返青前后可喷一次植物抗寒剂，以防倒春寒对大蒜的伤害。春分后，大蒜处在"烂母期"，此期易发生蒜蛆，注意加强防治。

7.4　蒜薹生长期管理

若前期未追肥或缺肥，可结合浇水每亩追施磷酸二铵和硫酸钾各 15kg。此后各生育阶段，分次浇水保持田间的湿润状态。3 月下旬至 4 月初，开始喷药防治葱蝇和种蝇，每隔 70 天喷一次，连喷 2 次。从 4 月下旬开始喷药防治大蒜叶枯病、灰霉病等，每隔 10 天左右喷一次，提薹前喷药 2 次以上较好，最后一次喷药至提薹前应间隔 7 天以上，以防药残超标。地膜栽培大蒜应在"清明"以后，待温度稳定后，除去地膜和杂草，每亩追施磷酸二铵和硫酸钾各 20kg，并喷施高效叶面肥，然后浇一次透水。注意蒜薹采收前一周要停止浇水，以利于采收。

7.5 蒜头膨大期

采薹后，叶片和叶鞘中的营养逐渐向鳞芽输送，鳞芽进入膨大盛期，为加速鳞茎膨大，可根据长势，在采薹后再追施速效性的磷、钾肥，同时要小水勤浇，保持土壤湿润，降低地温，促进蒜头肥大。蒜头收获前5天要停止浇水，防止田内土壤太湿造成蒜皮腐烂，蒜头松散，不耐贮藏。

8 病虫害防治

8.1 大蒜病害主要有病毒病、叶枯病等

（1）大蒜病毒病防治。避免与其他葱蒜类蔬菜连作，实行3~5年轮作；不在发病地留种，选不带毒蒜种；加强肥水管理，防止早衰，提高大蒜抗病能力；发病初期喷洒8%宁南霉素水剂，75~100g/亩喷雾。

（2）大蒜叶枯病防治。选用抗病品种；加强田间管理，合理追肥浇水，提高植株抗病能力；发病初期喷洒80%代森锰锌可湿性粉剂，65~75g/亩喷雾。

8.2 大蒜虫害主要有美洲潜叶蝇等

大蒜美洲潜叶蝇防治。收获后清除田间残枝枯叶，深翻土地，降低越冬虫源基数；灭蝇胺80%水分散粒剂，15~19g/亩喷雾。

9 收获

9.1 蒜薹收获

蒜薹收获的时间和方法，直接关系到蒜薹和蒜头的产量和品质，合理采薹，不仅蒜薹质量好，而且可促进蒜头迅速膨大。采薹应按以下几个标准进行：一是蒜薹弯钩呈大秤钩形，苞上下应有4~5cm长呈水平状态（称甩薹）；二是苞明显膨大，颜色由绿转黄，进而变白（称白苞）；三是蒜薹近叶鞘上有4cm、6cm变成微黄色（称甩黄）。采薹宜在中午进行，此时膨压降低，韧性增强，不易折断。方法以提薹为佳，提薹时应注意保护蒜叶，特别要保护好旗叶，防止叶片提起或折断，影响蒜头膨大生长，降低蒜头产量。

9.2 蒜头收获

一般在采薹后18天开始收获，即当蒜叶枯萎，假茎变干变软，如把蒜秸在基部用力向一边压倒地面后，有韧性，此时可以收获。过早，叶片中养分尚未完全转移到鳞芽，不仅减产，也不耐贮藏；晚收，叶鞘干枯不宜编辫，遇雨蒜皮变黑，蒜头开裂发生炸瓣。

9.3　产量

大蒜蒜薹产量一般每亩为 300kg，大蒜的产量一般每亩为 1 200kg。

第六节　绿色食品　洋葱生产技术操作规程

1　范围

本标准规定了 A 级绿色食品洋葱栽培的产地环境条件、品种选择、产量指标、栽培技术、病虫防治及农药肥料使用。

2　引用标准

下列标准所包含的条文，通过在本标准中引用而构成为本标准的条文。本标准出版时，所示版本均为有效。所有标准都会被修订，使用本标准的各方应探讨使用下列标准最新版本的可能性。

NY/T 391—2013　　　绿色食品　产地环境质量

NY/T 393—2013　　　绿色食品　农药使用准则

NY/T 394—2013　　　绿色食品　肥料使用准则

3　产地环境

3.1　立地条件

选择空气清新，没有工业厂矿污染的地块。产地环境符合绿色食品产地环境质量标准（NY/T 391—2013）。

4　品种选择

选择优质、高产、抗病品种，如北京紫皮、天津荸荠扁、新疆白皮等。近年来，由国外引进洋葱品种不少，如美国的纽约早生、日本的泉州中高黄等。北京以南地区宜选择中日照类型品种。

5 育苗

5.1 育苗时间

洋葱鳞茎的膨大生长，要求严格的温度和光照条件，即在温度 20~26℃ 和光照时间大于 13 小时鳞茎膨大最快。在不适宜的温光条件下易发生"未熟抽薹"现象，因此，栽培洋葱有严格的季节性。秋播秋栽苗龄 50~60 天，秋播春栽冬前苗龄 60~80 天，越冬期 120~150 天，春播春栽苗龄约 60 天。播种过早，幼苗过大，易在低温下通过春化；播种过晚，幼苗过小，越冬能力差，生长期不足，鳞茎不能充分膨大，虽抽薹率低，但产量也低。

5.2 苗床选择

宜选择土壤疏松、肥沃、排灌方便的苗床，且 2~3 年没种过葱蒜类蔬菜的地块。

5.3 床土准备

苗床应施入充分腐熟过筛的有机肥，一般长 7m、宽 1.7m 的畦，应施入腐熟有机肥 25~30kg，并施入 0.5~1kg 过磷酸钙，将肥土掺匀，整平畦面。

5.4 播种

（1）种子处理。要选用当年新籽，秋季播种，由于当时气温尚高，可直播干籽，也可浸种催芽后播种。催芽方法是将种子置于 50℃ 温水中浸泡 30 分钟，在常温下再浸泡 3~5 小时，捞出稍晾，然后置于 18~20℃ 温暖处，期间每天用清水淘洗种子，待种子露白时播种。

（2）播种方法。

干籽条播：在整好的畦面上用对齿开沟，行距 10cm、沟深 1.5cm，干籽撒入畦面，用笤帚横扫，将种子扫入沟内，用脚踏实，也可将干籽直接捻入沟内，覆土踏实，然后浇水，适于秋播。

浸种催芽后播种：播前畦面先浇底水，水渗后覆 0.5cm 厚细土，再撒播种子，播后覆土 1.5cm，适于春播。

播种量每亩 4~5kg，可定植 6 000~8 000m² 土地。

6 播后管理

6.1 冬前管理

洋葱种子发芽出土缓慢，播后 8~10 天出苗，这期间应保持土壤湿润，如土壤干燥，可浇水 1~2 次，使幼苗顺利出土和生长。幼苗出土后要控制浇水，防止生长过快，越冬时幼苗过大易造成"未熟抽薹"。若幼苗黄瘦，可结合灌水每亩追施尿素 10kg 左右。苗期中耕除草 2~3 次，苗高 5~6cm 时进行间苗，苗距 3cm 见方。由于洋葱幼苗茎粗达 0.9cm，在 2~5℃温度下，经过 60~70天即可完成春化过程。为防止未熟抽薹，冬前洋葱幼苗茎粗应保持在 0.6~0.8cm。

6.2 越冬管理

秋播露地越冬洋葱幼苗，立冬前后于苗床北侧立风障，小雪前后上冻水，次日上细土或马粪、稻草、麦秸等覆盖，增温、保墒，保护幼苗越冬。囤苗越冬的洋葱幼苗，封冻前应将幼苗起出，扎成小捆，囤在背阴处，四周用干土或细沙封严，其深度不超过叶的分权处，上方架设秫秸，严防雨雪漏入，保持恒定的-6~7℃低温。

7 定植

7.1 整地、施肥

栽培洋葱宜选择疏松、肥沃的沙质壤土，忌与葱蒜类蔬菜重茬。肥料的选择和使用应符合 NY/T 394 的要求，每亩施入 4 000~5 000kg 腐熟有机肥作基肥，并施入复合肥 20kg，肥土掺匀后做成平畦。

7.2 定植时间

秋播秋栽。在严寒到来前 40 天左右定植，冬前已缓苗并恢复生长，不致于造成越冬死苗。若定植过早，冬前发棵大，易造成"未熟抽薹"。秋播春栽，定植应尽量提早，当早春土壤消冻后立即进行。春播春栽则需要春季育苗，夏季定植，秋季收获。

7.3 定植密度

洋葱根系弱、分布浅、叶片直立，适于密植，平畦定植行距为 15cm，株距 10cm，每亩定植 28 000~36 000株。按苗的大小进行分级，一般以假茎粗细为标准，假茎粗 0.8~0.9cm，苗高 16~20cm 为一级苗；假茎粗 0.6~0.8cm，苗高 13~16cm 为二级苗；假茎粗 0.5~0.6cm，苗高 10~13cm 为三级苗。分级定植，便于田间管理。定植时一级苗稍稀，二、三级苗稍密。

7.4 定植深度

洋葱适于浅栽，过深过浅都不好，合理的定植深度以埋没小鳞茎，浇水后不飘秧为宜，一般深 2~3cm。

8　田间管理

8.1　缓苗期

秋季定植的洋葱苗，除定植后浇 1~2 水促进缓苗外，应控制浇水，进行中耕松土，促进幼苗健壮，增强抗寒性。土壤结冻时浇冻水并覆盖粪土、稻草、秫秸，以利护根防寒。春季定植的洋葱苗，定植后 20 余天为缓苗期，浇水不宜过大，定植后浇一小水，5~6 天后浇二水，地表见干时浇三水。

8.2　茎叶生长期

由越冬返青或春天定植缓苗至鳞茎开始膨大为茎叶生长期。这一时期，既要促进植株健康生长，又要防止茎叶徒长。秋季定植的洋葱苗，翌春返青后应及时浇返青水，随水追施腐熟人、畜、禽粪尿，每亩追施 1 500kg，或复合肥 10kg，其后要适当控制浇水，并及时中耕，控水蹲苗 15 天左右。春天定植的洋葱苗，在浇过三水后，要及时中耕，控水蹲苗 15 天左右。

8.3　鳞茎膨大期

当洋葱叶呈现深绿色，叶肉增厚，叶面蜡质增多时，结束蹲苗，即进入鳞茎膨大期。此期气温逐渐升高，浇水次数随之增多，一般每 7~8 天 1 水，直到葱头收获前 7~8 天停水。此外，本期还要追肥 2 次：第一次在结束蹲苗，鳞茎开始膨大时，每亩追施尿素 15kg、磷酸二氢钾 10kg；第二次在鳞茎膨大盛期，每亩追施尿素 10kg。

9　病虫害

9.1　病害

洋葱病害主要有炭疽病、灰霉病等。

（1）洋葱炭疽病防治：①实行轮作，选用抗病品种，雨后注意排水；②发病初期喷 25%嘧菌酯悬浮剂 25~50mL/亩。

（2）洋葱灰霉病防治：①实行轮作，切忌大水漫灌，雨后注意排水，控制氮素化肥过多使用；②发病初期可用 50%速克灵（腐霉利）可湿性粉剂，50~100g/亩喷雾。

9.2　虫害：洋葱虫害主要有蓟马等

葱蓟马防治：①清洁田园，清除虫源，加强肥水管理，增强抗虫能力；②在成虫、幼虫发生时，喷洒肥皂水或洗衣粉水具有一定效果；③药剂防治可喷洒 70%吡虫啉水分散粒剂，3g/亩喷雾。

10　采收

洋葱叶片逐渐变黄，假茎松软，有些倒伏为收获适期。收获后应晾晒 2~3 天，晾晒时不要使鳞茎受到灼伤。叶子晒至 7~8 成干时，编辫或装筐贮藏。生长期施过化学合成农药的洋葱，收获前 1~2 天必须进行农药残留生物检测，合格后及时收获。

第七节　绿色食品　马铃薯生产技术操作规程

1　范围

本标准规定了 A 级绿色食品春季马铃薯栽培的产地环境条件、品种选择、产量指标、栽培技术、病虫防治及农药肥料使用。

2　引用标准

下列标准所包含的条文，通过在本标准中引用而构成为本标准的条文。本标准出版时，所示版本均为有效。所有标准都会被修订，使用本标准的各方应探讨使用下列标准最新版本的可能性。

NY/T 391—2013　　绿色食品　产地环境质量

NY/T 393—2013　　绿色食品　农药使用准则

NY/T 394—2013　　绿色食品　肥料使用准则

3　产地环境

3.1　立地条件

选择空气清新，没有工业厂矿污染的地块。产地环境符合绿色食品产地环境质量标准（NY/T 391—2013）。

3.2　土壤要求

选择土地疏松、肥力较高、排灌方便、土层深厚的中性或微碱性壤土。

3.3 轮作

每 2~3 年应当与非茄科作物进行一次轮作，以降低病（虫）源基数，减轻危害。

3.4 隔离防护

基地周围建立隔离网、隔离带等，以保护基地，防止外源污染。

4 整地施肥

4.1 整地

清除田间作物残留枝叶，带出田外集中处理，以降低病（虫）源基数。非套种田块需要深翻土壤 20cm 以上。使用机械耕翻，以免压实土壤，维持土壤结构，达到深、平、细、碎、净、墒。

4.2 施基肥

根据土壤肥料状况，一般耕翻前施腐熟圈肥，每亩用量为 3 000kg；优质硫酸钾复合肥（15-15-15）每亩用量为 35kg，施于两种薯之间。

5 播种

5.1 品种选择

要选择三代以内的脱毒种薯，并根据市场要求，选择适应当地生态条件且经审定推广的符合生产加工及市场需要的专用、优质、抗逆性强的优良马铃薯品种。如鲁引 1 号、津引薯 8 号、荷兰 7 号、荷兰巧号。

5.2 种薯质量

使用的种薯必须达到脱毒 1、2 级种薯标准，纯度 99% 以上。

5.3 种薯处理

选有代表性、无病的优良种薯，并在播前困种一周，淘汰病薯、烂薯，播前芽长到 1cm 以上，切薯块时的切刀要用来苏水消毒，切成三角形，重量 40~45g，保留 1~2 个芽眼，有条件地块采用小薯整播。小整薯是春季保护地密植早收的种薯，一般 50g，秋播时不需切块，直接播种，避免了薯块腐烂和切刀传病途径。

5.4 催芽

播前 15~20 天，用温水浸种 5~10 分钟。取出沥干摊于阴凉通风处，厚度不超过 15cm，上覆湿沙或湿草苦。芽长 1~2cm 时将种薯取出，放在阴凉处见光绿化。

5.5 播种时期

在2月20日至3月10日播种较为适宜。

5.6 播种量

播种量与种薯大小、种植密度有关，一般用种量为150~200kg/亩。双行起垄栽培，行距75~80cm，株距20~25cm，密度为5 500~6 500株/亩。单行起垄栽培，行距60~65cm，株距25~30cm，密度为4 000~5 000株/亩。

5.7 播种方法

应平地浅播，厚培土，起高垄。即在整平耕平的土壤上按行距开沟，深3~5cm；然后按确定的种植密度摆种，摆种后，在两种之间抓施肥料，培土起垄成脊，垄高15~20cm，盖土、上地膜。

6 田间管理

6.1 出苗前管理

马铃薯出苗前，一般不需要浇水、施肥。

6.2 出苗后管理

（1）中耕除草苗出全时，查田补苗和拔除病株补种同品种小种薯。全生育期耥三遍，第一遍在出苗后苗高2cm时深耥，即耥蒙头土；第二遍在苗高10cm时，加厚培土，耥碰头土；最后一遍在现蕾封垄前深耥，结合整地人工除草。

（2）追肥苗高10cm时，结合耥二遍地每亩追尿素10kg及符合NY/T 394规定的肥料。

（3）排水培土。下雨或浇水应及时排除田间积水，锄划松土，培土扶垄。一般结合中耕培土两次，第一次在植株4~5片叶时，第二次在株高25~30cm时进行。

7 病虫害防治

7.1 农业措施

选用抗病品种；与葱蒜或禾本科作物轮作三年以上，控制土传病害的发生；整地、清洁田园，减少病（虫）基数。

施净肥、增施有机肥，可增强植株抗病虫害能力。同时人工捕捉成虫、摘除卵块，可防治瓢虫。

7.2 化学措施

防治病虫害所施农药应符合NY/T 393的要求。如防治晚疫病，在出花期用72.2%霜霉威600~1000倍液叶面喷防，每亩用量86~144g。防治蚜虫，7月下旬发现蚜虫危害，可用10%的吡虫啉可湿性粉剂，每亩15~20g喷雾来防治。

8　收获及收获后处理

收获一般在5月中旬至6月上旬收获。

在生理成熟时开始收获，要选择晴天，避免在雨天收获，以免拖泥带水。收获时要轻拿轻放、妥善放置，防止物理损伤和微生物及化学物品等污染，保证马铃薯质量。每亩产量可达3000kg。

第八节　绿色食品　南瓜生产技术操作规程

1　范围

本标准规定了A级绿色食品南瓜栽培的产地环境条件、品种选择、产量指标、栽培技术、病虫防治及农药肥料使用。

2　引用标准

下列标准所包含的条文，通过在本标准中引用而构成为本标准的条文。本标准出版时，所示版本均为有效。所有标准都会被修订，使用本标准的各方应探讨使用下列标准最新版本的可能性。

NY/T 391—2013　　绿色食品　产地环境质量

NY/T 393—2013　　绿色食品　农药使用准则

NY/T 394—2013　　绿色食品　肥料使用准则

3　产地环境

3.1　立地条件

选择空气清新，没有工业厂矿污染的地块。产地环境符合绿色食品产地

环境质量标准（NY/T 391—2013）。

3.2　土壤要求

前茬为非瓜类作物，土壤耕层深厚，地势平坦，排灌方便，理化性状良好，有机质含量高，微酸性沙壤土，疏松透气性好，土壤中有效氮、磷、钾的含量水平高，有益微生物菌群丰富、活跃。

4　品种选择

选用高产、抗病、抗虫、抗逆性强、适应性广、商品性状良好的南瓜品种。质量符合国家标准化要求。种植的南瓜品种以日本南瓜为主选品种。

5　育苗

5.1　种子处理

南瓜种子皮厚，而且有角质层，不易吸水。因而在催芽前，应先在清水中搓洗种子表面黏液，捞出后放在70℃水中搅拌烫种10分钟，然后在30℃的水中浸泡8~10小时。捞出冲洗干净后放在25~30℃条件下保湿催芽。每5~6小时，用温清水淘洗1次。一般3~5天即可发芽。当芽长到相当于种子长度一半时，为播种最佳期。

5.2　培育无病虫适龄壮苗

（1）育苗场地应与生产田隔离，用温室、阳畦或温床育苗

（2）营养土配制。用近3年内未种过瓜类蔬菜的园土或大田土5份和充分腐熟的优质有机肥5份，混合后过筛，过筛后每加草木灰4~5kg。

（3）采用护根育苗。将催好芽的种子播到浇透水的营养钵、营养土方、纸钵的营养土上或穴盘上，一穴一粒，种芽向下放置，每钵覆盖1厚的过筛药土，再覆盖地膜进行保温，在25~28℃的条件下进行护根育苗。

（4）加强苗期管理。当子叶出土时，要揭开地膜。对于播在沙盘里的种子，出苗后即可往分苗床或营养钵内移植。南瓜秧苗出土后，即可采取降温降湿措施，以防徒长。如发现戴帽苗，可以再覆盖1.0~1.5cm厚细沙土；如床土太湿，可撒些干土或细炉灰吸湿。气温控制在25℃左右。当秧长出一片真叶时，即为花芽分化期，这时要满足低温短日照的要求，气温保持在20~22℃，夜温15℃，每天8~10小时的短日照，以利于花芽分化。经过一周时间，花芽分化结束，才可倒苗分苗。如夏季育苗，应采用直播法，而且要采取遮阳降温措施。

（5）壮苗标准。冬季苗龄在 50 天左右，夏季苗龄在 30 天左右，株高 15~18cm，茎粗、色绿，下胚轴（子叶下部的茎）2~3cm；4~5 片叶，叶片肥大浓绿，子叶肥厚，根系发达，吸收根（白色新根）多，整株秧苗硕而且有弹性，没有病虫害或机械损伤。

6　定植

6.1　定植期
南瓜是喜温耐热作物，生长期适温在 22~28℃，其中以 25℃最好；对光照要求不严，因而定植必须选择在温暖时期或创造出温暖环境。露地生产必须在终霜期后 10cm 处地温稳定在 12℃以上，气温在 20℃左右时定植；如用地膜覆盖，可提前一周定植。如果在大棚温室内定植，必须掌握在 10cm 处地温稳定在 12℃以上。

6.2　定植前准备
整地施肥。每亩施充分腐熟有机肥 5 000kg、氮磷钾复合肥 50kg，普施后耕翻 30cm 深，整平做畦，畦宽 1.6m；在棚室内生产，畦上应覆地膜，膜下留水沟，以备进行膜下暗灌，以减少棚室内湿度，从而减少病虫害。

6.3　定植
定植前浇足底水，尽可能保持土坨完整，以防伤根。在冬春季棚室内定植，必须选冷尾暖头的晴天中午进行。在夏天或气温高时，则应选择阴天或下午定植。每畦两行，小行距 70cm，株距 50cm，按株行距打孔栽苗，然后浇透座苗水，待水渗下后覆土封埯，也可移苗后就及时封埯，稍镇压后按畦浇水。

7　田间管理

7.1　缓苗前后的管理
定梢后，要调节气温，保持在 25~28℃，并保持土壤潮湿。一般经 3~5 天后，即可见心叶生长，而且出现新根，则证明缓苗成功。这时，应降温降湿，控温在 23~25℃，并适当放风降湿。露地生产，则要通过中耕松土，降湿蹲苗，促使根系长深长旺。蹲苗一周左右，根据植株长相和土壤的干湿，如需浇水，可在坐瓜前后，浇一次提秧水；棚室内生产要进行膜下暗灌。

7.2　水肥管理
在坐瓜前，结合盘条、压蔓、支架绑蔓浇一次催秧水，每亩追施氮磷钾复合肥 25kg，适当地促叶放秧，来解决营养基础跟不上果实发育的矛盾。这一水后，直到坐瓜和定瓜前则不能再浇，心须把秧控制住，严防跑秧化瓜，促使南瓜山营养生长为中心转向生殖生长为中心。待定瓜和坐瓜后，长到 1~1.5kg 时，为促使其迅速肥大，可结合追肥浇一次催瓜水。以后的灌溉次数和水量以使地表经常保持微湿的状态为准，切不可湿度过大；同时必须在雨季注意排水，以防烂瓜和根腐病的发生。

7.3　光照和温度管理

南瓜为喜光照蔬菜，结合低夜温有利于花芽分化，但在整个生长发育方面还是要求长日照和强烈的光照；如再结合高温、高湿，则生育甚为强盛。对于棚室南瓜生产可以采用反光幕、无滴膜，清洁棚面等措施来增加光照；对于阴天达 7 天以上的可以采取补光措施，同时还可早揭晚盖草苫以增加光照时间。遇到特殊的严寒天气，可以进行临时加温。连阴天，在保证作物生理机能不发生紊乱的情况下，要保证昼夜温差，以防出现"化瓜"等不良现象。在炎热的夏季容易日烧，需要用叶将瓜盖住；或用麦秆覆盖根部，以降温保墒，延长生长期，增加后期产量。果面上粉前要用草圈或砖石等将瓜垫起，以免地面湿热，引起烂瓜或地下害虫的危害。

7.4　植株调整

（1）整枝：除早熟小型南瓜随结瓜随采收果实外，一般每株只留 1~2 个果实，所以一般使主蔓结瓜，其余侧枝除留瓜旁一侧枝外，均宜摘除。

（2）盘蔓、压蔓：大型南瓜结果部位相当靠上，在搭架栽培时，必须进行盘蔓、压蔓，而后使瓜以上的蔓上架，并且盘蔓、压蔓时可增加根系的吸收面积，控制徒长，促进生产雌花的发生。方法是在主蔓长达 0.7~1m 时，将蔓盘绕在根的四周、架的内部，并在龙头下边 2 以个叶处，将蔓用土压定，使之生根。

（3）支架：一般多采用小架，蔓长 38~66cm 时插架。架高 1~1.3m，由 3~4 根架材构成三角或四角架。

（4）绑蔓：要适时绑蔓，以便田间管理。

（5）定瓜、摘心：待瓜发育到 0.5~1kg 时，选择瓜型好、个体大、节位适宜的留下，其余摘除。定瓜且蔓长到架顶后，留叶摘心，促进果实发育。

8　病虫害防治

8.1　农业防治

加强通风，增施有巴，保持株健壮生长。

8.2 物理防治

对于病株要及时拔掉，拿到室外烧毁，对带病的土壤应及时撒上生石灰消毒。

8.3 化学防治

（1）病害防治。花前喷24倍等量式波尔多液，坐瓜后喷200倍等量式波尔多液。

（2）蚜虫和白粉虱的防治。可采用异丙威烟剂熏杀，22%的异丙威烟剂用量为990~1 320g/hm。

9 适时采收

南瓜达食用成熟时收获，大型南瓜则于生理成熟时采收。生理成熟的特征：果皮上茸毛消失、果皮金黄色时采收，采收时要留果柄，以便贮藏。采收和贮藏用工具要清洁、卫生。南瓜一般每亩产量5 000kg。

第九节　绿色食品　萝卜生产技术操作规程

1 范围

本标准规定了A级绿色食品萝卜露地栽培的产地环境条件、品种选择、产量指标、栽培技术、病虫防治及农药肥料使用。

2 引用标准

下列标准所包含的条文，通过在本标准中引用而构成为本标准的条文。本标准出版时，所示版本均为有效。所有标准都会被修订，使用本标准的各方应探讨使用下列标准最新版本的可能性。

NY/T 391—2013　　绿色食品　产地环境质量

NY/T 393—2013　　绿色食品　农药使用准则

NY/T 394—2013　　绿色食品　肥料使用准则

3　产地环境

3.1　立地条件
选择空气清新，没有工业厂矿污染的地块。产地环境符合绿色食品产地环境质量标准（NY/T 391—2013）。

3.2　土壤要求
前茬为非十字花科蔬菜作物，地势平坦，土层深厚，土壤疏松、肥沃，孔隙度在20%~30%，有益微生物菌群丰富、活跃的中性河潮土中生长最好，pH值5.8~6.8。

4　品种选择

选用抗病、优质丰产、抗逆性强、适应性广、商品性好的品种。

5　种子质量

种子纯度≥90%，净度≥97%，发芽率≥96%，水分≤8%。

6　整地做畦

早耕多翻，打碎耙平，耕地的深度20~30cm。每亩应施用充分腐熟的优质厩肥3 000~4 000kg，三元复合肥（15-15-15）50kg，钙、锌、镁等中微量元素肥10kg。全面撒施后，翻耕，使肥土交融。大型品种多采用高垄，而中、小型品种则可做成平畦。

7　播种

7.1　播种时间
春播一般在2月；秋播一般在立秋后三天进行播种。

7.2　播种方式
采用穴播或条播方式。

7.3　种植密度
通常大型品种行距45~55cm，株距20~30cm；中型品种行距35~40cm，株距 15~20cm；小型品种可保持 8~10cm 见方。

8   田间管理

8.1   间田定苗

早间苗、晚定苗，萝卜不宜移栽，也无法补苗。第一次间苗在子叶充分展开时进行，当萝卜具 2~3 片真叶时，开始第二次间苗；当具 5~6 片真叶时，肉质根破肚时，按规定的株距进行定苗。

8.2   合理灌水，及时追肥

幼苗出土前后，要供给充分的水分，保证发芽迅速，出苗整齐。出现真叶后，地上部分迅速生长，直到破肚以前，叶的生长都远比肉质根生长快，这时应少浇水，促进根部向下生长，抑制侧根发育。刚破肚后，肉质根生长还不太快，需水不多；以后肉质根膨大，顶部粗如拇指，渐露于地面，这时适当蹲苗，掌握土壤发白才浇的原则控制灌水；这个时期氮肥不可过多，防止叶部徒长，不利于根部膨大，一般每亩施入人粪尿 1 500kg 即可。此后应加足肥水，每亩随水灌入人粪尿 2 500kg，半月后再施三元复合肥（15-15-15）20kg，以后一般不再追肥。在有条件的时候，每隔半月喷 1 次 3% 的磷酸二氢钾+多聚硼，能显著地提高产量，增进品质。萝卜的糠心，是一种由于营养物质供应不足而呈现出的饥饿衰老现象，特别是缺硼时，凡早播、生长快的大型萝卜更为严重。为了避免糠心，除选肉质致密、不易空心的品种外，还应加强肥水，使地上部分与地下部分生长平衡。

8.3   中耕除草

萝卜中耕要早，从齐苗后开始直至封垄前，每次间苗后，趁墒锄 1 次，先浅后深，再浅，需 3~4 次。封垄后也要趁早把草除净。

对肉质根大部露出地面的长根型品种，在露肩前后应结合中耕，扶正植株，进行培土，可使萝卜根形更加周正。

9   病虫害防治

9.1   农业防治

选用抗（耐）病优良品种；合理布局，实行轮作倒茬，提倡与高秆作物套种，清洁田园，加强中耕除草，降低病虫源数量；培育无病虫害壮苗。

9.2   物理防治

使用 40 目的防虫网把整个基地周围及上方 1.8m 高封严，以防止小菜夜

蛾类的害虫。

9.3　药剂防治

用10%吡虫啉可湿性粉剂2 000倍液喷雾杀灭蚜虫。

10　采收

根据市场需要和生育期适时收获。

第十节　绿色食品　牛蒡生产技术操作规程

1　范围

本标准规定了A级绿色食品牛蒡露地栽培的产地环境条件、品种选择、产量指标、栽培技术、病虫防治及农药肥料使用。

2　引用标准

下列标准所包含的条文，通过在本标准中引用而构成为本标准的条文。本标准出版时，所示版本均为有效。所有标准都会被修订，使用本标准的各方应探讨使用下列标准最新版本的可能性。

NY/T 391—2013　　绿色食品　产地环境质量
NY/T 393—2013　　绿色食品　农药使用准则
NY/T 394—2013　　绿色食品　肥料使用准则

3　产地环境

3.1　立地条件

选择空气清新，没有工业厂矿污染的地块。产地环境符合绿色食品产地环境质量标准（NY/T 391—2013）。

3.2　土壤要求

选择地势平坦，排灌良好，土壤疏松、肥沃，含砂量不低于30%；土层厚度不低于80cm。特别是在含有机质较多的松散砂壤土中栽培较好，不宜在过分黏重的土壤中栽培，pH值要求偏碱（7.0~7.5为佳）。

4 品种选择

要选用抗病、高产、商品性好，适宜当地栽培的优良品种，目前主要是从日本引进白肌、柳川、干理想等。

5 整地施肥

播前要深翻土地，曝晒几天。每亩施腐熟优质有机肥3 000kg，配合施用生物菌肥。整地时采用单、双行都可以，目前常用的为单行整地法：行距为60cm，行中间挖20cm宽、100cm深的沟，覆土时土壤要整细并和腐熟的有机肥、拌匀填沟，并轻踩两边留中间，沟上筑垄（呈梯形），高15~20cm、宽20cm，垄底宽30cm。

6 播种

6.1 播种期
牛蒡的适应性很强，目前以春、秋季栽培为主，春季在3月中旬播种，秋季9月下旬至10月中旬为宜。

6.2 种子处理
把种子放入55℃的温水中，用木棒不停地搅拌，使水温降到30℃左右时浸泡3~4小时，然后捞出用清水冲洗一遍，用经过消毒的湿纱布包好。保持30~35℃的温度和充分的湿度，24小时左右就能露白待播，注意中间再用水冲洗一次，洗去种子表皮黏液。

6.3 播种
垄中开3cm深的沟，浇适量的水，待水渗入后，放入单粒催芽种子，然后覆土2cm，再盖上地膜，每亩播种15 000~20 000粒。

7 田间管理

7.1 间苗
当牛蒡长到2~3片叶时及时进行间苗（定苗），除去生长过旺、叶色过绿、叶姿异常、苗根露出地面的幼苗，保留生长均匀一致的壮苗，密度保持8 000株/亩左右为宜。

7.2　生长期管理

幼苗期管理是高产的关键环节，早春和深秋种植，加盖地膜的牛蒡待出苗后应立即破膜开沟，天气干燥应及时喷水以保持土层湿度。中期管理需要中耕除草，中耕要浅，以免损伤根部，等封行后不再中耕，可用手拔除杂草。同时要加强肥水管理，追肥可采取离苗15cm，挖20cm深沟，每亩用三元复合肥（15-15-15）30kg。越冬茬要注意在茎叶枯萎前覆盖稻草和覆土进行防寒。后期管理除了需要除草、开沟排水外（越夏），一般不需要再追肥浇水。

8　病虫害防治

牛蒡的病虫害较少，病害主要有白粉病；虫害主要有蚜虫等。

8.1　物理防治

用黄色粘虫板放在田内诱杀蚜虫。

8.2　化学防治

（1）白粉病。发病初期喷50%翠贝水分散性粒剂4 000倍液。

（2）蚜虫。可用10%吡虫啉可湿性粉剂2 000倍液喷雾防治蚜虫。

9　采收

牛蒡的生长期一般在150天，采收时不宜过早或过晚，以免影响牛蒡的产量和质量。采收时用刀距地面10cm割掉茎叶后，用铁锹挖取，以防碰伤。去净泥土和须根后，在叶柄3cm处切除分好等级。一般长60cm以上，直径1.8~3.1cm为一级品。在通常管理条件下，一般每亩产2 500kg，在高产栽培条件下，每亩产4 000kg左右。

第十一节　绿色食品　紫甘薯生产技术规程

1　范围

本规程规定了绿色食品紫甘薯的产地环境条件、壮苗培育、种植地块的准备、栽插、田间管理、收获以及贮存和包装等技术要求。

本标准适用于山东省绿色食品紫甘薯的生产。

2 规范性引用文件

下列文件对于本文件的应用是必不可少的。凡是注日期的引用文件，仅所注日期的版本适用于本文件。凡是不注日期的引用文件，其最新版本（包括所有的修改单）适用于本文件。

NY/T 391　绿色食品　产地环境质量

NY/T 393　绿色食品　农药使用准则

NY/T 394　绿色食品　肥料使用准则

NY/T 658　绿色食品　包装通用准则

3 产地环境条件

产地环境技术条件应符合 NY/T 391 的规定。选择地势较高，排水良好，肥力中等的山地、丘陵坡地、平原沙土或砂壤土种植紫甘薯。

4 壮苗培育

4.1 苗床的准备

苗床应每年更换床土。排种前每平方米施腐熟的有机肥 3~5kg；并用 50%多菌灵可湿性粉剂 500~600 倍液喷洒消毒。肥料的使用应符合 NY/T 394 的规定；农药的使用应符合 NY/T 393 的规定。

4.2 种薯的准备

选择高产、优质、抗病性强，适宜济南市种植的紫甘薯品种，如绫紫、济紫薯 1 号、济薯 18、宁紫薯 1 号、烟紫薯 1 号等。选取具有原品种特征的健康薯块，用 50%多菌灵可湿性粉剂 400~500 倍液浸种 5 分钟或用 50%甲基托布津可湿性粉剂 200~300 倍液浸种 10 分钟，浸种后立即排种。农药的使用应符合 NY/T 393 的规定。

4.3 适时排种

根据苗床的类型、品种的萌芽性和栽插时期等综合确定适宜的排种期，一般排种期在 3 月中旬至 3 月底。

4.4 高剪苗

薯苗长到 30cm 以上，经过 3 天以上的炼苗，在离地面 5cm 处剪苗，剪苗后立即喷洒 50%多菌灵可湿性粉剂 500 倍液。农药的使用应符合 NY/T 393 的规定。

5　种植地块的准备

栽插前 2~4 天起垄，起垄前施足基肥，每亩施充分腐熟的有机肥 2 000kg,腐殖酸钾 （8%N、8%P、16%K）40kg。起垄宽度 70~75cm，垄高 30cm。肥料的使用应符合 NY/T 394 的规定。

6　适时载插

根据品种持性确定适宜的栽插期，如济紫薯 1 号、绫紫、烟紫薯 1 号等适宜早栽，济薯 18 和宁紫薯 1 号应适当晚栽，一般春薯当气温稳定在 15℃，10cm 处地温稳定在 18℃时，开始栽插。

与普通甘薯相比，紫甘薯宜密植，同时栽植密度还要根据品种特性、肥力条件等而定。如济紫薯 1 号、绫紫、烟紫薯 1 号等的春薯种植密度为 2 800~3 000株/亩，夏薯为 3 300~3 500株/亩；济薯 18 和宁紫薯 1 号春薯为 3 800~4 000株/亩；夏薯为 4 000~4 200株/亩。

栽插时用多菌灵 500 倍液浸泡种苗基部 10~15 分钟。农药的使用应符合 NY/T 393 的规定。

7　田间管理

7.1　水肥管理

栽插时浇足窝水，生长期间一般不浇水，干旱年份适当轻浇。若遇涝积水，应及时排水。紫甘薯生长前期一股不再追肥，薯块膨大期出现早衰，可用 0.2%磷酸二氢钾等进行根外追肥。方法是每次用量 200kg/亩，每隔 7 天喷一次，连续 3 次。肥料的使用应符合 NY/T 394 的规定。

7.2　中耕除草

茎叶封垄前中耕 2~3 遍，消灭杂草。第一次中耕深度为 6cm 左右，第二次 3cm，第三次只刮破地皮。垄底深锄，垄背浅锄。

7.3　病虫害防治

严格按照"预防为主，综合防治"的植保方针，坚持以"农业防治、生物防治为主，化学防治为辅"的原则，防治紫甘薯病虫害。农药的使用应符合 NY/T 393 的规定。

（1）黑斑病防治。及时清除田间和苗床的病薯和病苗；建立无病留种地；建立采苗圃，使用蔓头苗留种；采用高剪苗；使用充分腐熟的有机肥；种薯消毒；药剂浸苗。

（2）茎线虫病防治。选用抗病品种，如济薯 18、宁紫薯 1 号等；土壤消毒，采用 40%辛硫磷乳油 600 倍液，栽苗时结合浇窝水施用；药剂浸苗，25%辛硫磷微胶囊水悬剂 500g，稀释后浸苗基部 3~5 分钟，浸苗后立即栽插。

（3）根应病防治。轮作倒茬；选用抗病品种，如济紫薯 1 号、济薯 18、宁紫薯 1 号、烟紫薯 1 号等。

8　收获

10 月上旬开始收获，霜降前收完。晴天上午收获，经过田间晾晒，当天下午入窖。注意做到轻创、轻装、轻运、轻卸，防止破伤。

9　生产废弃物的处理

紫甘薯收获季节，会产生大量的甘薯藤，可将这些甘薯藤晒干，用粉碎机粉碎成碎末，再经糖化后作为猪饲料使用。

10　贮存和包装

10.1　贮存

入窖前，贮藏窖先清扫、消毒。紫甘薯适宜的贮藏温度为 12℃左右。不同品种的贮藏相对湿度略有差异，如济紫薯 1 号、绫紫、烟薯 1 号、宁紫薯 1 号为 80%~90%，济薯 18 为 90%~95%。

10.2　包装

应严格按照 NY/T 658 的要求进行包装。

11　档案与记录

生产者需建立生产档案，详细记录品种、施肥、病虫草害防治、采收以及田间操作等各环节所采取的具体管理措施；所有记录应真实、准确、规范，并具有可追溯性；生产档案应由专人专柜保管，至少保存 3 年。

附录 A　（资料性附录）

绿色食品 紫甘薯病虫害化学防治方法

防治对象	防治时期	农药名称	使用剂量 ml（g）/ 亩	施药方法	安全间隔期
黑斑病	4 月上旬	50%多菌灵可湿性粉剂	80g	500 倍液浸泡种苗基部	10 天
茎线虫病	4 月上旬	25%辛硫磷微胶囊水悬剂	500g	600 倍液浇窝水施用	20 天
		40 % 辛硫磷乳油	70ml		

注：农药使用以最新版本 NY/T393 的规定为准

第十二节　绿色食品　胡萝卜生产技术操作规程

1　范围

本标准规定了 A 级绿色食品胡萝卜栽培的产地环境条件、品种选择、产量指标、栽培技术、病虫防治及农药肥准用。

2　引用标准

下列标准所包含的条文，通过在本标准中引用而构成为本标准的条文。本标准出版时，所示版本均为有效。所有标准都会被修订，使用本标准的各方应探讨使用下列标准最新版本的可能性。

  NY/T 391—2013 绿色食品　产地环境质量
  NY/T 393—2013 绿色食品　农药使用准则
  NY/T 394—2013 绿色食品　肥料使用准则

3　产地环境

3.1　立地条件

选择空气清新，没有工业厂矿污染的地块。产地环境符合"绿色食品产地环境质量标准（NY/T 391—2013）"。

3.2 土壤要求

前茬为非十字花科蔬菜作物土壤耕作土层深厚，地势平坦，排水方便，土壤结构适宜，理化性状良好，有机质含量高，土壤中有效氮、磷、钾的含量水平高，有益微生物菌群丰富、活跃的中性潮土或沙质土壤为宜。

4 品种选择

4.1 种子选择原则

选用丰产、抗病、抗逆性强、适应性广、商品性好的品种。

4.2 种子质量

种子纯度≥90%，净度≥97%，发芽率≥96%，水分≤8%。

5 整地

早耕多翻，打碎耙平，施足基肥。耕地的深度根据品种而定。

6 播种

6.1 播种时间

春播时间一般在 3 月中旬，夏播时间一般在 7 月中旬。

6.2 播种方式

用条播或撒播方式。播种时有先浇水播种后盖土和先播种盖土后再浇水两种方式。

6.3 种植密度

一般行距 20cm，株距 15cm。

7 田间管理

7.1 间苗定苗

早间苗、晚定苗，胡萝卜不宜移栽，也无法补苗。第一次间苗在子叶充分展开时进行，当胡萝卜具 2 片真叶时，开始第二次间苗；当具 6 片真叶时，肉质根破肚时，按规定的株行定苗。

7.2 中耕除草与培土

结合间苗进行中耕除草。中耕时先浅后深，避免伤根。第一二次间苗要浅耕，锄松表土，最后一次深耕，并把畦沟的土壤培于畦面，以防止倒苗。

7.3 浇水

浇水应根据胡萝卜的生育期、降雨、温度、土质、地下水位、空气和土壤湿度状况而定。

幼苗期：苗期根浅，需水量小。土壤有效含水量宜在60%以上。遵循"少浇勤浇"的原则。

叶生长盛期：此期叶数不断增加，叶面积逐渐增大，肉质根也开始膨大，需水量大，但要适量灌溉。

肉质根膨大盛期：此期需水量最大，应充分均匀浇水，土壤有效含水量宜在70%~80%。

8 施肥

8.1 施肥原则

使用经发酵腐熟、达到无害化指标、重金属不超标的人畜粪尿等有机肥料。

8.2 施肥

结合整地，施入基肥，每亩基肥用量为2 000~3 000kg。

9 病虫害防治

9.1 农业防治

选用抗（耐）病优良品种；合理布局，实行轮作倒茬，提倡与高秆作物套种，清洁田园，加强中耕除草，降低病虫源数量；培育无病虫害壮苗。

9.2 物理防治

用25目的防虫网在整个种植基地的上方及周围按1.8m高度，把整个基地封严，以防治小菜夜蛾、田菜蛾类的虫害。

10 采收

根据市场需要和生育期及时收获。一般每亩产量在1 500kg。

第十三节 绿色食品 食用百合生产技术规程

1 范围

本标准规定了绿色食品食用百合生产技术管理措施。

本标准适用于济南地区食用百合的绿色食品生产。

2 规范引用性文件

下列文件对于本文件的应用是必不可少的。凡是注日期的引用文件，仅注日期的版本适用于本文件。凡是不注日期的引用文件，其最新版本（包括所有的修改单）适用于本文件。

NY/T 391—2013	绿色食品产地环境质量标准
NY/T 393—2013	绿色食品农药使用准则
NY/T 394—2013	绿色食品肥料使用准则
NY/T 1325—2015	绿色食品 芽苗类蔬菜
NY/T 658—2015	绿色食品 包装通用准则
NY/T 1056—2006	绿色食品 贮运准则

3 环境条件

产地环境符合 NY/T 391—2013 的要求。

4 播前准备

4.1 地块选择

百合地的翻耕深度要求在 25cm 以上，翻耕时间一般在前茬作物收获后，晴天翻耕晒地。下种前结合施基肥、土壤处理进行整平、整细，消除杂草和禾蔸等。

4.2 种子选择

选择适宜栽培的优质、抗病品种。主要选用品质佳、无苦味、鳞片肥大、洁白细嫩的"龙牙"百合。

4.3　种子处理

选种时宜选用色泽鲜艳、抱合紧密、根系健壮、无病虫的种球。选中等大小、净重 25～30g 为宜。进行种球消毒，采用 50%多菌灵 500 倍液浸种 20分钟，捞出晾干待播种。

4.4　整地播种

（1）翻耕。翻耕深度要求在 25cm 以上，翻耕时间一般在前茬作物收获后，晴天翻耕晒地，整平、整细，清除杂草。

（2）重施基肥。每亩施腐熟农家肥 2 500～3 000kg，腐熟饼肥 50～75kg，三元复合肥 100kg 作基肥，深翻，整细整匀。

（3）土壤处理。每亩撒生石灰 50kg 左右，以防蚂蚁和蚯蚓等为害；也可在播种前用必速灭熏蒸土壤，按每平方米用 10～15g 药，均匀混入土壤深层10～20cm，拌均匀，洒水保湿（土壤相对湿度 40%左右），立即覆盖地膜 3～4天，揭膜后锄松土层，过 2 天后即可播种。

（4）作畦。旱地畦宽以 133cm 左右为宜，水田畦宽以 100～120cm 为宜，沟宽 33cm，深 25～30cm，畦长可随地形而定，但过长的畦应加开腰沟，腰沟宽 40～50cm，深 30cm，围沟宽 45～50cm，深 33cm，一定要做到排水通畅。

5　播种

适宜时间 9 月中旬至 10 月下旬，空闲地可适当提早到 9 月初播种，水田应在 10 月底播种结束。

根据鳞茎大小选择合适株距、行距。单个种鳞茎重 20～25g，株距 12～15cm、行距 15～20cm；单个种鳞茎重 25～30g，株距 15～18cm、行距 18～22cm。亩用种量 350～400kg。播种的深度为鳞茎直径的 2～3 倍，沙质土再适当加深，黏质土当浅播。一般先按确定的株行距开挖播种沟（也有部分农户是穴播的），然后在播种沟内摆放种球（注意种球应该是芯子朝上，根系朝下），再覆盖土 7～10cm 厚。

6　田间管理

6.1　除草

（1）化学除草。农药使用标准符合绿色食品农药使用准则（NY/T 393—2013）。

开春杂草尚未萌发或萌发之际，每亩用33%的除草通120mL，加水120~240kg对土壤进行喷雾处理。

在杂草出齐后，每亩用20%的克无踪水剂或41%的农达水剂150~200mL加水50kg，对杂草叶面喷雾，此方法只能用在百合出苗前。

（2）人工除草。百合8~10叶期，人工浅中耕锄草一次，确保田间无杂草。

6.2　追肥

绿色食品食用百合肥料食用符合绿色食品肥料使用准则（NY/T 394—2013）。追四次肥，第一次在12月中下旬施冬肥，以有机肥为主，加施适量复合肥；第二次在4月上中旬苗高10cm左右，亩施20kg复合肥，或5kg尿素的提苗肥；第三次施复合肥30kg/亩，打顶后不再施用尿素等氮肥；第四次在6月上中旬收获珠芽后，追施速效复合肥10kg/亩。此外用0.2%磷酸二氢钾或0.1%硝酸钾+0.1%磷酸二氢钾叶面追肥，分别在苗期，打顶期和珠芽收获后三次喷施。

6.3　排水

做到及时清沟排水。排水不良，容易生腐烂病；春末夏初地下部新的仔鳞茎形成后，应做到沟路畅通，及时排除积水，7—8月鳞茎增大进入夏季休眠，更要保持土壤干燥疏松，切忌水涝。

6.4　适时打顶和摘除珠芽

去顶与打珠芽5月20—25日为打顶适合时期，及时摘除植株顶心，一般植株高度40~50cm，叶片60~70片展开时打顶最适时；6月上中旬珠芽成熟，晴天用短棒轻敲植株基部，珠芽自行脱落地上，或人工摘除珠芽。

6.5　病虫害防治

百合主要病害有镰刀菌茎腐病、百合疫病等，主要虫害有蚜虫、蛴螬等。

（1）农业防治。选用抗性强的品种，定期轮换品种；合理轮作，尤其提倡水旱轮作；种子处理，培育壮苗，加强栽培管理，中耕除草等；清洁田园，深翻晒土可有效防治茎腐病疫病等。

（2）药剂防治。农药使用标准符合绿色食品农药使用准则（NY/T 393—2013）。叶面喷洒1次蚜虱净1 000倍液，或用农地乐1 000倍液进行防治蚜虫等地上害虫；根部喷洒乐斯本1 000倍液防治蛴螬等地下害虫。

7　采收

珠芽收获在6月中旬，收获鲜百合上市在6月下旬，加工百合可在大暑收获，留种可在立秋前后收获。

8　收获贮藏运输

采收后的食用百合鲜茎要及时清洗保鲜，加工用百合要及时进行烘干处理，防止霉变。

运输工具要清洁、干燥，有防雨设施。严禁与有毒、有害、有腐蚀性、有异味的物品混运。

贮藏、运输应符合 NY/T 1056 的要求。

第十四节　绿色食品　白菜生产技术操作规程

1　范围

本标准规定了 A 级绿色食品白菜栽培的产地环境条件、品种选择、产量指标、栽培技术、病虫防治及农药肥料使用。

2　引用标准

下列标准所包含的条文，通过在本标准中引用而构成为本标准的条文。本标准出版时，所示版本均为有效。所有标准都会被修订，使用本标准的各方应探讨使用下列标准最新版本的可能性。

NY/T 391—2013　　绿色食品 产地环境质量
NY/T 393—2013　　绿色食品 农药使用准则
NY/T 394—2013　　绿色食品 肥料使用准则

3　产地环境

3.1　立地条件

选择空气清新，没有工业厂矿污染的地块。产地环境符合绿色食品产地环境质量标准（NY/T 391—2013）。

3.2 土壤要求

地势平坦、排灌方便、土壤耕层深厚、土壤结构适宜、理化性状良好，以粉砂壤土、壤土及轻黏土为宜，土壤肥力较高。

4 品种选择

选用抗病、抗逆性强、丰产、适应性广、商品性好的品种。

5 种子消毒

播前种子应进行消毒处理：具体方法将种子投入 55℃热水中维持水温，均匀稳定浸泡 15 分钟，然后保持 30℃水温浸泡 10~12 小时。

6 播种

根据气候条件和品种特性选择适宜的播期，春播白菜一般在 2 月中旬。秋白菜一般在夏末秋初播种。叶球成熟后随时采收。可采用穴播或条播，播后盖细土 0.5~1cm，耧平压实。

7 田间管理

7.1 中耕除草

间苗后及时中耕除草，封垄前进行最后一次中耕。中耕时前浅后深，避免伤根。

7.2 合理浇水

播种后及时浇水，保证苗齐苗壮；定苗、定植或补栽后浇水，促进返苗；莲座初期浇水促进发棵；包心初中期结合追肥浇水，后期适当控水促进包心。

7.3 施肥

（1）施肥原则：根据白菜需肥规律、土壤养分状况和肥料效应，通过土壤测定，确定相应的施肥量和施肥方法，按照有机与无机相结合、基肥与追肥相结合的原则，实行平衡施肥。

（2）基肥：每亩优质有机肥施用量不低于 3 000 kg，有机肥料应充分腐熟。

（3）追肥：追肥以速效氮肥为主，应根据土壤肥力和生长状况在幼苗期、莲座期、结球初期和结球中期分期施用。每亩用尿素 20kg，为保证白菜优质，收获前 20 天内不应使用速效氮肥。

8 病虫害防治

以防为主、综合防治，优先采用农业防治、物理防治、生物防治，配合科学合理地使用化学防治，达到生产安全、优质的绿色食品白菜的目的。

8.1 农业防治

（1）因地制宜选用抗（耐）病优良品种。

（2）合理布局，实行轮作倒茬，加强中耕除草，清洁田园，降低病虫源数量。

8.2 物理防治

可采用银灰膜避蚜或黄板（柱）诱杀蚜虫。

8.3 生物防治

保护天敌，创造有利于天敌生存的环境条件，选择对天敌杀伤力低的农药；释放天敌，如捕食螨、寄生蜂等。

8.4 化学防治

大白菜的病虫害主要有霜霉病、软腐病和蚜虫。在化学防治上应加强病虫害的预测预报，做到有针对性地适时用药，根据病虫害的发生特点，合理选用高效低毒农药，做到对症下药，严禁使用高毒、高残留农药。坚持农药的正确使用，严格控制使用浓度。

（1）霜霉病：可用 46% 的可杀得叁仟颗粒剂 25~30g 喷雾防治。

（2）软腐病：可于发病时，用 72% 的农用链霉素可溶性粉剂 1 000~1 500 倍液喷雾防治。

（3）蚜虫：可于发生时，用 10% 的吡虫啉可湿性粉剂 2 000 倍液喷雾防治。

9 适时收获

根据市场情况和白菜生长选择最佳时机，收获后的白菜装入网袋及时送到恒温库中。春播白菜一般每亩产量为 5 000kg，夏播白菜一般每亩产量为 3 000kg，秋播白菜一般每亩产量为 8 000kg。

第十五节　绿色食品　韭菜生产技术规程

1　范围

本标准规定了 A 级绿色食品韭菜栽培的产地环境条件、品种选择、产量指标、栽培技术、病虫防治及农药肥料使用。

2　引用标准

下列标准所包含的条文，通过在本标准中引用而构成为本标准的条文。本标准出版时，所示版本均为有效。所有标准都会被修订，使用本标准的各方应探讨使用下列标准最新版本的可能性。

NY/T 391—2013　　绿色食品　产地环境质量

NY/T 393—2013　　绿色食品　农药使用准则

NY/T 394—2013　　绿色食品　肥料使用准则

3　产地环境

3.1　立地条件

选择空气清新，没有工业厂矿污染的地块。产地环境符合绿色食品产地环境质量标准（NY/T 391—2013）。

3.2　土壤要求

应选择地势高、排灌方便、有机质含量高、前茬非葱蒜类的田块。

4　品种

4.1　品种选择

选用抗病虫、抗寒、耐热、分蘖力强、休眠期短，外观和内在品质好的品种，如汉中冬韭、791 雪韭等。

4.2　培育韭根

（1）播种时间。4 月上旬。

（2）用种量。每亩用种 4~5kg。

（3）种子处理。可用干籽直播，也可用 40℃温水浸种 12 小时，除去秕籽和杂质，将种子上的黏液洗净后催芽。

（4）催芽将浸好的种子用湿布包好放在 15~20℃的条件下催芽，每天用清水冲洗 1~2 次，60%种子露白尖即可播种。

5 播种地准备

5.1 前茬为非葱蒜蔬菜

5.2 整地施肥

基肥品种以优质有机肥为主；在中等肥力条件下，结合整地每亩撒施优质腐熟有机肥 5 000kg。

5.3 做畦

按栽培形式合理作畦，在畦内按行距 18~20cm，深 8~10cm 开沟。

6 播种

6.1 播种方法

播种顺沟浇水，水渗后，将种子混 3 倍沙子在沟内撒播，或按穴距 8cm，每穴 8~10 粒种子点播，播后盖上 1.5~2cm。

6.2 苗期管理

出苗前需 2 以天浇一水，保持土壤湿润。幼苗出土后，加强苗床管理是培养大苗壮苗的关键。在管理技术上掌握前期促苗，后期蹲苗的原则。从齐苗到苗高 16cm，7 天左右浇一小水。高温雨冰防涝。

7 定植方法

6 月中旬定植，将韭苗起出，剪去须根先端，留 2~3cm 以促进新根发育。再将叶子先端剪去一段，以减少叶面蒸发，维持根系吸收与叶面蒸发的平衡。在畦内按行距 20~25cm，穴距 10cm，每穴栽苗 8~10 株，适于生产青韭；或按行距 30~36cm 开沟，沟深 16~20cm，穴距 16cm，每穴栽苗 20~30 株，适于生产软化韭菜，栽培深度以不埋住分蘖节为宜。

8 水肥管理

当苗高 8~10cm 结合浇水每亩追施尿素 10kg。每次收割后，把韭茬挠一遍，周边土锄松。

9 收获

韭菜适于晴天清晨收割，收割时刀口距地面 2~4cm，割口呈黄色为宜，割口应整齐一致。两次收割时间间隔应在 30 天左右。在当地韭凋萎前 50~60 天停止收割。

10 施肥培土养根

三刀收后，当韭菜长到 10cm 时，顺韭菜沟培土 2~3cm 高，苗壮的可在露地时收 1~2 刀，苗弱的为养根不再收割。

11 病害虫的防治

11.1 物理防治

糖酒液诱杀：按糖、醋、酒水和 90% 敌百虫晶体 3：1：10：0.6 比例配成溶液，每亩放置 1~3 盆，随时添加，保持不干，诱杀多种蝇类害虫。

11.2 化学防治

（1）韭蛆成虫盛发期，顺垄撒施 5% 辛硫磷颗粒剂，每亩试撒施 500g 防治，也可用苦参碱灌根。

（2）疫病发病初期用 72.2% 普力克水剂，90~180g/亩。

（3）锈病发病初期用 25% 三唑酮可湿性粉剂 2 000 倍液喷雾防治一次，每亩用量 15g。

第十六节　绿色食品　紫苏生产技术规程

1　范围

本标准规定了绿色食品紫苏生产技术管理措施。

本标准适用于济南地区紫苏的绿色食品生产。

2　规范引用性文件

下列文件对于本文件的应用是必不可少的。凡是注日期的引用文件，仅注日期的版本适用于本文件。凡是不注日期的引用文件，其最新版本（包括所有的修改单）适用于本文件。

NY/T 391—2013　　绿色食品 产地环境质量

NY/T 393—2013　　绿色食品 农药使用准则

NY/T 394—2013　　绿色食品 肥料使用准则

NY/T 1325—2015　绿色食品 芽苗类蔬菜

3　环境条件

选择空气清新，没有工业厂矿污染的地块。产地环境符合绿色食品产地环境质量标准（NY/T 391—2013）。

4　播前准备

4.1　栽培方式

紫苏的栽培季节一般在3月以后。3月末至4月初露地播种，也可育苗移栽，6—9月可陆续采收。保护地9月至翌年2月均可播种或育苗栽种，11月至翌年6月可收获。

4.2　种子处理

将刚采收的种子用100mL/L赤霉素处理并置于低温3℃及光照条件下5～10

天，而后置再于 15~20℃ 光照条件下催芽 12 天，种子发芽率可达 80% 以上。

4.3 整地定植

紫苏土壤在定植前 10~15 天需进行深耕晒垡，并施以基肥，整地，要求垄面平整。定植前喷洒除草剂，喷药后除定植穴外，尽量不破坏土表除草剂液膜。2 天后定植，这样可使整个生长季节没有草害发生。定植一般在 4 月中旬，秧苗有 2~3 对齐叶时进行，每垄定植 6 行，株行距皆为 0.15m。

5 田间管理

紫苏生长过程中注重肥料的追施，因其生长期短，肥料施用一定符合绿色食品肥料使用准则（NY/T 394—2013）。

（1）紫苏在生产期间需结合长势及时追施尿素 7~8 次，每次大约 10kg。在整个生长期，紫苏所需水分较多，要求土壤保持湿润。紫苏定植初期生长缓慢，难以与杂草竞争，所以要及时中耕除草，以利于植株快速生长。

（2）紫苏在定植后的 20~25 天需要摘除初茬叶，第四节以下的老叶要完全摘除，第五节以上达到 12cm 宽的叶片摘下进行腌制。紫苏的有效节位一般可达到 20~23 节，可采摘达出口标准的叶片达 40~46 张。

（3）在紫苏的管理上，要注意及时打杈。由于紫苏的分枝力极强，如果不及时摘除分杈枝，既会消耗大量养分，又影响紫苏正品叶的生长，减少了叶片总量而导致减产。紫苏打杈可与摘叶采收同时进行，对不留种田块的紫苏可在 9 月初开始生长花序前，留 3 对叶进行打杈摘心，此 3 对叶片也能达到成品叶的标准。

6 病虫防治

紫苏生长期较少出现病虫害，出现锈病，则用农药使用严格按照绿色食品农药使用准则（NY/T 393—2013）。可喷施 50% 托布津 1 500 倍进行防治，连续用两次，每周一次。危害紫苏的害虫主要是蚜虫和小青虫，它们会影响到紫色叶片的商品价值，可喷施敌敌畏等强力杀虫剂杀灭，但喷药宜在采摘叶片后进行，以免叶片残留过多农药，影响使用效果。

7 采收加工

食用紫苏叶：采摘做菜食用新鲜紫苏叶片要选择晴天，香气足。摘紫苏叶应在 5 月下旬至 8 月上旬，紫苏未开花时进行。

第五章　地理标志绿色食品生产技术操作规程

第一节　绿色食品　章丘大葱生产技术操作规范

1　范围

本技术规范规定了经中华人民共和国农业部登记的农产品地理标志章丘大葱的地域范围、产地环境、登记产品的品种、生产方式、贮藏、产品品质特色、标志使用等相关内容。

2　规范性引用文件

下列文件对于本文件的应用是必不可少的。凡是注日期的引用文件，仅注日期的版本适用于本文件。凡是不注日期的引用文件，其最新版本（包括所有的修改单）适用于本文件。

GB 5084　　　农田灌溉水质标准

GB/T 8321　　农药合理使用准则

NY/T 496　　肥料合理使用准则　通则

NY/T 5010　　无公害农产品 种植业产地环境条件

农办质〔2015〕4 号 农业部办公厅关于印发茄果类蔬菜等 58 类无公害农产品检测目录的通知。

3 生产地域范围

章丘大葱的登记地域保护范围为山东省济南市章丘区内，地理坐标为：东径117°10′至117°35′，北纬36°25′至37°09′，地域保护面积185 500公顷，行政区划内包括绣惠、枣园、龙山、宁家埠、刁镇、明水等镇（街）264个村，总种植面积10 000公顷。

4 产地环境

4.1 土壤情况

章丘大葱主要产于中部的平原地区，该范围内地势平坦，土壤肥沃、生态环境优美。大葱主产区土壤以褐土中壤为主，据测定有机质含量1.2%以上，含氮0.12%，含磷0.3%，速效磷大于80mg/kg，速效钾大于120mg/kg，土层深厚，土质疏松，保水保肥能力强，适合大葱生长。章丘大葱生产的产地环境质量应符合NY/T 5010规定的要求。

4.2 水文情况

境内河流多为山洪性河流，水量补给主要靠降水，属雨源型，平均径流深90mm。主要有东巴漏河（下游称漯河）、西巴漏河（下游称绣江河）和巨野河。区内水利条件优越，地下水源充足，农田排灌设施配套，水质清澈，无污染，达到了旱能浇、涝能排。

4.3 气候情况

（1）概况。地处中纬度，属暖温带季风区的大陆性气候。四季分明，雨热同季。春季干旱多风，夏季雨量集中，秋季温和凉爽，冬季雪少干冷。秋季天高气爽温差大，有利于大葱的生长发育。

（2）光照。本区光照资源丰富，日照时间长，光照充足，有利于作物光和作用，常年平均日照时数为2 647.6小时，日照率60%。

（3）热量。年积温4 580℃，平均气温12.9℃，7月最高32.1℃，1月最低气温-3.2℃。无霜期210天左右，自然农耕期长达290天左右。夜间凉爽，昼夜温差大，有利于作物养分积累。

（4）降水。降水偏少，因多集中夏季，年均变化大，降水不稳定，平均降水量600~630mm。

5　登记产品的品种

章丘大葱是在章丘这片肥沃的土地上，广大葱农长期以来通过实践、辛勤劳作选育出来的长葱白类型的农家品种。从形态上可以区分为两个品种：大梧桐和气煞风。大田生产中一般选用优质、高产的大梧桐类型品种。

6　生产方式

6.1　育苗

（1）苗床选择。苗床应选择土质疏松，排灌方便，3 年内未种过葱蒜韭类的肥沃壤土或砂壤土。

（2）施肥做畦。播前结合整地每亩施有机肥料 5 000~6 000kg，磷酸二铵 10kg，硫酸钾 15kg。将上述肥料均匀撒施后耕翻 25cm，耧平耙细，做畦，畦面宽 1~1.2m，畦埂宽 25~30cm，高 15~20cm。

（3）播种。将畦浇透水，水渗后将种子混入 5~10 倍干细沙土后均匀撒播于畦内，上覆厚 1cm 左右的细土。

（4）苗期管理。秋播苗在翌年土壤解冻后浇一遍返青水，并结合浇水每亩追施复合肥（15-15-15）5kg，浇后划锄，拔除杂草。葱苗生长期间间苗 2 次，第一次间至苗距 2~3cm，第二次间至苗距 5~6cm。

6.2　定植

（1）定植时间。在 6 月上旬至 7 月初之间，

（2）定植密度。每亩栽植 18 000~22 000株，行株距（80~90）cm×（4~5）cm。

（3）定植方法。先将定植沟浇水，水渗后将葱苗用葱叉沿沟一侧插入定植沟内，株距 4~5cm，插葱深度 5~7cm，深度以不埋住五权股为宜。

6.3　大田管理

（1）浇水。进入 8 月，保持土壤湿润，注意遇到天旱时及时浇水；8 月下旬至 10 月底是大葱的旺盛生长期，根据墒情要加大浇水量和增加浇水次数，7~10 天浇水一次，收获前 7~10 天停止浇水。农田灌溉水质符合 GB 5084 的要求。

（2）追肥。追肥要结合浇水进行，第一次于 8 月上旬进行，每亩追施复合肥（18-9-18）10kg。9 月上旬第二次追肥，每亩追施复合肥（15-15-15）15kg。9 月中下旬第三次追肥，每亩追施复合肥（18-9-18）10kg。最后一次

追施化肥应在收获前 30 天进行。施用的肥料应符合 NY/T 496 的要求。

（3）培土。培土是章丘大葱的重要栽培措施，它不仅可以防止倒伏，而且还可软化葱白，提高产量和质量。随着大葱的生长，要进行 3~4 次培土。第 1 次培土即平沟，在 8 月下旬进行，第 2 次培土在 9 月上旬进行，第 3 次培土在 9 月下旬进行，每次培土的高度均以不埋心叶为度。

（4）病虫害防治。

防治原则：坚持"预防为主，综合防治"，优先采用农业措施、物理防治及生物防治，科学合理地使用农药。农药使用符合 GB/T 8321 的要求。

物理防治：安装黄、蓝板 诱杀葱蝇、潜叶蝇、蓟马等害虫，安装台频振式杀虫灯诱杀趋光性害虫。

生物防治：安装甜菜夜蛾性诱剂，每 2 亩安装一个。

药剂防治：霜霉病可选用 69% 烯酰吗啉·锰锌水分散粒剂 1 000 倍液或 72% 霜脲·锰锌可湿性粉剂 800 倍液喷雾，7~10 天一次，交替使用 2~3 次，也可用 1：1D200 等量式波尔多液喷雾进行预防。

灰霉病：发病初期可选用 50% 腐霉利可湿性粉剂 1 500~2 000 倍液或 40% 嘧霉胺悬浮剂 800~1 000 倍液喷雾，7~10 天一次，交替使用 2~3 次。

葱蓟马：在初期若虫聚集危害期用 70% 吡虫啉水分散粒剂喷雾防治，每亩施药 1~2g。

6.4　收获

在 11 月上旬至土壤封冻前收获。用长 50cm、宽 4cm 的长条镢距葱 5cm 处下镢，刨出后晾晒剔除病、残、弱小棵，将大葱用草绳捆成 5~10kg 的捆。

7　贮藏

7.1　地面贮藏法

在墙北侧或后墙外阴凉干燥背风处的平地上，铺 3~4cm 厚的沙子，把晾干的大葱根向下叶向上码在沙子上，宽 1~1.5m。码好后葱根四周培 15cm 高的沙子，葱堆上覆盖草帘子或塑料薄膜防雨淋。

7.2　冷库贮藏法

将无病虫害、无伤残、晾干的 10kg 左右的葱捆放入包装箱或筐中，于冷库中堆码贮藏。库内保持 -1~0℃，空气湿度 80%~85%。

8 产品品质特色

8.1 产品品质特色

（1）外在感官特征。

①高：章丘大葱的植株高大魁伟，是当今国内外所有大葱品种的佼佼者，故有"葱王"之称号。

②长：章丘大葱的主要产品部分葱白长而直。一般白长 50~60cm（最长 80cm 左右）、径粗 3~4cm、单株重 1kg 左右，重者可达 1.5kg 以上，备受人们喜爱。

③脆：章丘大葱质地脆嫩，味美无比。

④甜：章丘大葱的葱白，甘芳可口，很少辛辣，最宜生熟，熟食也佳。

（2）内在品质指标。根据北京市食品研究所 1981 年 3 月 23 日化验分析：每 100g 大梧桐大葱产品中，含有维生素 A0.05mg、维生素 C20.2mg、蛋白质 2.4g、脂肪 0.3g、总糖 8.6g、碳水化合物 9.8g、钙 4.6mg、磷 39mg、铁 0.1mg、多种氨基酸 0.0298mg。如果用于与前中央卫生研究院营养系测定的《食物分析表》中众所周知的营养丰富的番茄相比，则章丘大葱的维生素 B1 比番茄多 185.7%、B2 多 233.3%，维生素 C 多 94.2%，蛋白质多 328.5%，脂肪多 7.1%，粗纤维多 84.2%，磷多 30%。所以说，章丘大葱营养丰富。

8.2 产品质量安全水平

入市大葱必须达到农办质〔2015〕4 号 农业部办公厅关于印发茄果类蔬菜等 58 类无公害农产品检测目录的通知中鳞茎类蔬菜的要求。有《农产品质量安全法》第三十三条规定情形的不得上市销售。

9 标志使用

9.1 分级

同一品种大小一致的大葱为合格品。白短、畸形或有机械损伤、病虫伤的不合格另行处理。

9.2 包装

大葱应包装销售。包装材料必须符合国家强制性技术规范要求。包装前每棵葱进行剥皮、去土处理，然后装入包装箱。

9.3 标识

标志使用人应在其产品或其包装上统一使用农产品地理标志（章丘大葱

名称和公共标识图案组合标注型式）。

第二节　绿色食品　鲍芹栽培技术规范

1　范围

本技术规范规定了经中华人民共和国农业部登记的农产品地理标志鲍家芹菜的生产地域范围、产地环境、人文历史因素、生产技术要求、产品典型品质特性特征和产品质量安全规定、产品包装标识等相关内容。

2　规范性引用文件

下列文件对于本文件的应用是必不可少的。凡是注日期的引用文件，仅注日期的版本适用于本文件。凡是不注日期的引用文件，其最新版本（包括所有的修改单）适用于本文件。

NY/T 391—2013　　绿色食品　产地环境质量
NY/T 393—2013　　绿色食品　农药使用准则
NY/T 394—2013　　绿色食品　肥料使用准则
NY/T 658—2015　　绿色食品　包装通用准则
NY/T 743—2012　　绿色食品　绿叶类蔬菜

3　生产地域范围

鲍家芹菜的登记地域保护范围为山东省济南市章丘区刁镇境内，地理坐标为：东经117°25′57″至117°34′53″、北纬36°50′16″至36°58′28″，地域保护面积13 136公顷，产地面积2 000公顷，年产量15万吨。主要涉及鲍家、仪张、南太平、青杨林、冯家、胡家、道口、时东、时西、王三、王四、崔高等97个行政村。

4　产地环境

4.1　土壤情况

鲍家芹菜产地地处鲁中名泉"百脉泉"下游的绣江河两岸，主要集中于章丘北部的刁镇，该区域海拔高度在 25m 左右，隶属黄河冲积平原，地势平坦、土壤肥沃、泉水丰盈、生态环境优美。土质属白沙混合黏土，富含锌、铜、鉄、锰、碘、钙、镁、钠等矿物质，非常适合芹菜种植。

4.2　水文情况

境内河流多为山洪性河流，水量补给主要靠降水，属雨源型，平均径流深 90mm。主要有东巴漏河（下游称漯河）、西巴漏河（下游称绣江河）和巨野河。区内水利条件优越，地下水源充足，农田排灌设施配套，以百脉泉水灌溉为主，水质清澈，无污染，完全达到旱能浇、涝能排。

4.3　气候情况

（1）概况。属暖温带半湿润性季风气候，气候温和，四季分明，冬季寒冷少雨雪，春季干旱多风，夏季炎热多雨，秋季天高气爽温差大，有利于芹菜的生长发育。

（2）光照。本区光照资源丰富，日照时间长，光照充足，有利于作物光和作用，常年平均日照时数为 2647.6 小时，占全年可照时间的 56%。

（3）热量。年积温 4 580℃，平均气温 12.9℃，7 月最高 32.1℃，1 月最低气温−3.2℃。无霜期 210 天左右，自然农耕期长达 290 天左右。夜间凉爽，昼夜温差大，有利于芹菜养分积累。

（4）降水。降水偏少，因多集中夏季，年均变化大，降水不稳定，平均降水量 600~630mm。

5　登记产品的品种

鲍家芹菜是章丘辛寨、刁镇一带群众自育自繁的实心本芹农家品种，纤维较少，是本芹中的佼佼者。其主栽品种为"大青秸"。该品种叶色浓绿、实心无筋、鲜嫩甜脆、品质好、产量高，适合生食，非常适合当地种植。

6　生产方式

6.1　育苗

（1）苗床准备。夏末秋初播种，选择排灌方便，土壤疏松肥沃，保肥保水性能好，2~3 年未种植伞形花科作物的田块作苗床。每平方米施入腐熟有机肥 25kg，翻耕细耙，做成畦宽 1~1.2 米，沟宽 0.3~0.4 米，沟深 0.15~0.2 米的高畦。

（2）播种量及播种方式。每亩栽培田，夏秋育苗需要种子 150~180g。先浇透底水，待水渗下后撒一薄层土，再播撒种子，覆盖细土 0.5~0.6cm。然后再盖薄层麦秸或稻草保湿。

（3）除草间苗。当幼苗长出两片真叶时进行间苗，苗距 1cm，以后再进行 1~2 次间苗，使苗距达到 2cm 左右，间苗后应及时浇水。

6.2　定植

（1）整地施基肥。前茬作物收获后，及时翻耕，每亩施入腐熟农家肥 5 000kg，深翻 20cm，使土壤和肥料充分混匀，整细耙平，作成畦宽 1m，垄宽 0.2m 的菜畦。

（2）定植密度。秋冬栽培每亩 35 000~45 000 株。

（3）定植方法。移栽前 3~4 天停止浇水，用爪铲带土取苗，单株定植。定植深度应与幼苗在苗床上的入土深度相同，露出心叶。

6.3　大田管理

（1）中耕除草。定植后至封垄前中耕 3~4 次，结合中耕进行培土和清除田间杂草。缓苗后视生长情况蹲苗 7~10 天。

（2）浇水施肥。定植 3~5 天后浇缓苗水。20~25 天，追施尿素一次 10kg。生长中后期及时浇水。最后一次追施化肥应在收获前 30 天进行。

（3）病虫害防治。

①物理防治：覆银灰色地膜防蚜虫或用 10cm 宽银灰色地膜条，按间距 10~15cm 纵横拉成网状避蚜。黄板诱杀蚜虫，把黄板挂在行间或株间，高出植株顶部，每亩挂 30~40 块。

②生物防治：每 2 亩安装一个甜菜夜蛾性诱剂。

（4）药剂防治。

①灰霉病：发病初期可选用 50% 腐霉利可湿性粉剂 1 500~2 000 倍液或 40% 嘧霉胺悬浮剂 800~1 000 倍液喷雾，7~10 天一次，交替使用 2~3 次。

②蚜虫：初期用 70% 吡虫啉水分散粒剂喷雾防治，每亩施药 1~2g。

6.4　收获

在 11 月中下旬，当芹菜植株长至 60~70cm 时可采收，收获后入窖进行贮藏一段时间后可分级包装上市。

7　贮藏或加工处理

7.1　假植贮藏

将根部带土采收的芹菜，单株或多株（或成捆）直立栽于假植沟内，充分浇水，以后可视土壤湿度再浇水。沟顶盖草帘。经常检查质量，防止前期发热腐烂和后期受冻。

7.2　塑料袋贮藏

将叶根鲜绿、生长健壮、无病虫害的实心芹菜，带 3cm 左右长的短根，经挑选整理后，捆成 1~1.5kg 的把，在冷库内−2~2℃温度下预冷 1~2 天。然后采用根里叶外的装法装袋（袋是用 0.08mm 厚的聚乙烯塑料薄膜，制成 75cm×120cm 的袋），每袋装 12.5kg，然后扎紧袋口，分层摆在冷库的菜架上，库温在 0~2℃保持袋内氧含量不低于 2%，二氧化碳含量不高于 5%。气体组分不符合要求时，可打开袋口，通风换气后再扎紧袋口，贮藏期间可视情况检查 1~2 次。

8　产品品质特色

8.1　产品品质特色

（1）外在感官特征。

①高：鲍家芹菜高大健壮，一般株高 80~120cm，是本芹中的佼佼者。

②实：鲍家芹菜秸秆部分坚实、不空心，也是与其他本芹品种的主要区别。

③脆：鲍家芹菜纤维较少，断而无丝、食而无渣，质地脆嫩，味美无比。

④甜：鲍家芹菜茎叶皆能食用，芹菜可炒、可拌，可熬、可煲；还可做成饮品，甘芳可口。尤以适合生食，吃到口中嫩脆无筋，不塞牙齿，味美香嫩，烹饪适当，色香味俱全，是不可多得的菜中佳品。

（2）内在品质指标。鲍家芹菜营养丰富，其内在品质指标为：脂肪≥0.8%，蛋白质≥8.83%，淀粉≥69.73%，赖氨酸≥0.3%，另外还含有丰富的钙、磷、铁、硒等多种微量元素，因而，对人体健康大有裨益。除品种原因外，系产地土壤及地下水含锌、锰、镧、钛、钒、钴、锶等微量元素所致。

8.2　产品质量安全水平

鲍家芹菜的产地环境必须符合 NY/T 391 的要求，入市鲍家芹菜必须达到农业部 NY/T 743 的质量标准。有《农产品质量安全法》第三十三条规定情形的不得上市销售。

9 标志使用

章丘区境域范围内所有的鲍家芹菜生产经营者，在产品或包装上使用已获登记保护的"鲍家芹菜"农产品地理标志及其图案，须向登记证书持有人章丘市名优农产品协会提出申请，并按照相关要求规范生产和使用标志，统一采用产品名称和农产品地理标志公共标识相结合的标识标注方法。

第三节 绿色食品 平阴玫瑰生产技术规程

1 范围

本标准规定了绿色食品玫瑰的产地环境要求和生产管理措施、采收、生产废弃物的处理及档案管理。

本标准用于山东省的绿色食品玫瑰生产。

2 规范性引用文件

下列文件对于本文件的应用是必不可少的。凡是注日期的引用文件，仅注日期的版本适用于本文件。凡是不注日期的引用文件，其最新版本（包括所有的修改单）适用于本文件。

NY/T391—2013 绿色食品 产地环境条件
NY/T393—2013 绿色食品 农药安全使用标准
NY/T394—2013 绿色食品 肥料使用准则
GB 5084 农田灌溉水环境质量标准

3 产地环境

产地环境技术条件应符合NYT391的规定。平阴玫瑰耐瘠薄、耐旱、耐寒，具有广泛的适应性，但集约型大田栽培，应栽植在以土层深厚通风向阳，浇灌、排水良好、富含有机质的中性或微碱性土壤为宜，忌低洼易涝地。

4　品种（苗木）选择

4.1　选择原则
嫁接玫瑰苗要求砧木根系发达，株高 30cm 以上。

4.2　品种选择
可选择用于生产的丰花玫瑰、重瓣红玫瑰的一级嫁接苗（附录 A）。

5　整地施肥

5.1　每亩施充分腐熟的优质圈肥 3 000kg，深翻，耙细整平。

5.2　开沟或挖穴，沟宽 80cm、深 50~70cm，穴长 80cm、宽 80cm、深 50~80cm，每穴施充分腐熟的优质农家肥 5~10kg。

5.3　肥与表土充分混匀，集中施于穴下部至地表 20~40cm 处。

6　定植

6.1　定植时间
10 月份至来年 2 月份，以晚秋落叶后到封冻前为最佳时间。

6.2　定植密度
要求行距米 2~2.5m，株距 1~1.2m，每亩 220~330 株。

6.3　定植方法
将玫瑰苗定植在穴（沟）中间，栽植深度以保持原来的入土深度为宜，一般在 25~30cm。栽时踩实土，灌透水，待水渗下后，在根际培一土堆。栽后应距嫁接部位上 15~20cm 处截干。

7　田间管理

7.1　花前及花期管理
（1）除草。2 月中下旬，玫瑰植株开始萌动，新植园此时应及时破除土堆、划锄，清除长出的杂草，保持表土疏松。

（2）追肥灌水。每年 3 月中下旬及时追肥，每亩株间穴施复合肥 30kg，并及时灌水，3~5 天后划锄保墒。

7.2 采摘

（1）采摘标准。4月中旬现蕾，下旬始花，5月中旬盛花，下旬末花。加工干花蕾以花蕾膨大至最大，花瓣未绽时最佳，加工花酱或提取精油，以花蕾半开时最佳。

（2）采摘时间。天亮时开始，9时以前结束。采摘时将摘下的花蕾随时放在花篮里，10时以前集中起来送往加工厂。

（3）采摘和运输中使用的盛具要洁净，不得有异味、污物，以免污染花蕾。

7.3 花后管理

（1）除草。花期之后，6—9月，及时除草。

（2）灌水施肥。10月中下旬浇一次越冬水。每隔2~3年，浇越冬水前，结合深翻扩穴每亩沟（或穴）施充分腐熟的优质农家肥5 000kg。

（3）修剪。修剪时以疏为主，冬春及花后均可进行，以落叶后为最佳时间。主要剪除病、残、枯枝、过密枝、交叉枝、细弱枝。尽量保留1~3年生健壮枝条，疏除细弱枝及4年以上老枝。

8 病虫害防治

8.1 主要病虫害

（1）主要病害有锈病、白粉病和花叶病等。

（2）主要虫害有金龟子、红蜘蛛等。

8.2 防治原则

积极贯彻"预防为主，综合防治"的植保方针。以农业和物理防治为基础，按照病虫害的发生规律，科学使用化学防治技术，有效控制病虫危害。使用化学农药时，应符合 NY/T 393 的规定。

8.3 防治方法

（1）农业措施。加强土肥水管理，增强植株的健壮长势，提高株丛的抗病能力。在做好周年管理的基础上，在叶片长成到现蕾前，进行叶面追肥。有条件的可地下加施紫穗槐绿肥，防治花叶病。

秋冬清理病叶、病枝，春季彻底摘除病芽，进行集中深埋或烧毁，减少来年初侵染病源。平时一旦发现病叶、病芽，要及时摘除以减少其侵染。

（2）物理措施。用杀虫灯诱杀金龟子成虫；在植株根际培土拍实，防止越冬红蜘蛛雌成虫出土上枝；冬季清理病老枯枝、落叶杂草，消灭越冬虫、卵。

（3）化学防治。

①病害防治。

防治锈病、白粉病：春季萌芽前喷 3~5 波美度石硫合剂，发芽后开花前喷药 1~2 次。花期不喷药，花后，病轻的地块以农业防治为主，病重的地块每 10~15 天喷药一次，连续喷 2~3 次。药剂选用 70%甲基托布津 1 000 倍液，亩用量 60g 或 70%代森锰锌可湿性粉剂 900 倍液，亩用量 150g。喷药在雨前效果好，喷药后即逢大雨，要进行补喷。

②虫害防治。

防治金龟子：春季萌芽前每亩用 5%辛硫磷颗粒剂 1 000g 与 5kg 沙土掺匀后撒施。

防治红蜘蛛：夏季 6 月中旬到 8 月下旬喷施 10%吡虫啉可湿性粉剂 4 000 倍液，亩用量 10g。

9　生产废弃物的处理

9.1　玫瑰干枯枝

玫瑰在生长过程中被剪除的病、残、枯枝统一收集运送到热电厂进行生物质发电。

10　生产记录档案

对绿色食品玫瑰的生产过程，应建立田间生产档案，并妥善保存，以备查阅。档案主要包括以病虫害防治、肥水管理、田间管理等为主的生产记录，为保持可持续生产而进行的土壤培肥记录，记录至少保存 3 年。

附录 A　玫瑰嫁接苗分级标准

级数	分级标准
一级	砧木垦第发达，接芽完全木质化，嫁接部位直径 0.4cm 以上，苗高 40cm 以上；根系完整，须根多，长 30cm 以上的根至少有三条；无病虫害。
二级	砧木垦第发达，接芽完全木质化，嫁接部位直径 0.3~0.4cm，苗高 30cm 以上；根系完整，须根多，长 20cm 以上的根至少有二条；无病虫害。

附录 B （资料性附录）

绿色食品玫瑰病虫害化学防治方法

防治对象	防治时期	农药名称	使用剂量 mL（g）/亩	施药方法	安全间隔期天数
锈病白粉病	春季萌芽前、发芽后、开花前	3~5 波美度石硫合剂	30kg	喷雾	15 天
	花期过后	70%甲基托布津可湿性粉剂	60g	1 000 倍液喷雾	10 天
	花期过后	70%代森锰锌可湿性粉剂	150g	900 倍液喷雾	15 天
金龟子	春季萌芽前	5%辛硫磷颗粒剂	1 000g	与 5kg 沙土掺匀后撒施	15 天
红蜘蛛	六月中旬到八月下旬	10%吡虫啉可湿性粉剂	10g	4000 倍液喷雾	15 天

注：农药使用以最新版本 NY/T393 的规定为准。

附　　录

附录1

济南市人民政府办公厅
关于加快推进现代农业园区建设的意见

各县（市）、区人民政府，市政府各部门：

近年来，我市不断加大都市农业示范园区、现代农业特色品牌基地和现代农业示范乡镇（含街道，下同；以下简称现代农业园区）建设力度，重点扶持建设现代农业园区165处，规划建设面积26余万亩，带动农业标准化生产200余万亩。但现代农业园区仍存在规模偏小、档次偏低、特色不鲜明、管理机制滞后等问题，影响了全市现代农业发展。为加快推进现代农业园区建设，促进实体经济发展，根据《山东省人民政府办公厅关于加快推进现代农业示范区建设的意见》（鲁政办发〔2012〕25号），经市政府同意，现提出如下意见。

一、指导思想、任务目标和基本原则

（一）指导思想。以科学发展观为指导，围绕促进农业转型升级和农民增收，按照高产、优质、高效、生态、安全的发展要求，借鉴创办工业园区的思路，充分发挥资源优势，集中打造一批规划布局合理、产业特色鲜明、科技含量较高、物质装备先进、经营机制完善、综合效益显著、带动效益突出的现代农业园区，引领省会现代农业又好又快发展。

（二）任务目标。"十二五"期间，围绕我市农业优势主导产业，组织实施现代农业园区建设工程，在重点抓好市农业高新技术开发区和县（市）区现代农业科技示范园等综合性农业园区的基础上，带动200家市级都市农业示范园区、50个市级现代农业特色品牌基地和20个市级现代农业示范乡镇发展。按照产业布局合理、要素高度聚集、多功能有机融合、循环清洁生产、三次产业联动发展的要求，集中打造一批现代农业亮点工程，使现代农业园区成为我市现代农业发展的展示窗口、农业科技成果的孵化器、现代农业科技成果的博览园、体制机制创新的试验区和农业功能拓展的先行区。

（三）基本原则

1. 规划引领。现代农业园区规划与新农村建设有机结合，与全市现代农业发展总体规划布局衔接，符合区域自然条件和产业实际，一次规划，分步实施。

2. 规模发展。积极推进农业适度规模经营，推动土地集约开发，并配套完善相关基础设施，促进生产、生活、生态协调统一，农、林、牧有机结合，实现融合、循环发展。

3. 科技支撑。加快新品种、新技术等引进推广，积极研究应用工程、生物、信息技术以及农产品保鲜、储藏、加工等现代化农艺技术，努力在核心、关键技术上取得突破。

4. 创新驱动。构建政府引导、企业主体、市场化运作的现代农业园区经营管理机制。加大招商引资力度，积极引进各类农业项目，通过项目开发，培育主导产业，促进区域发展。

二、重点工作

（一）科学编制规划。根据市创建国家级现代农业园区、县（市）区创建省级现代农业园区、乡镇创建市级现代农业示范乡镇的工作要求，按照总体规划、分步实施、以点带面、循序渐进、突出重点、因地制宜原则和省内领先、国内一流标准，科学制定现代农业园区建设规划特别是核心示范区规划，达到切实可行、便于操作、一次规划、逐年建设、滚动发展的要求。

（二）加强设施建设。加大现代农业园区路网、水网、林网等基础设施建设力度，提高园区承载能力。加快现代农业园区科技研发、教育培训等公共服务平台以及文化、生活等服务设施建设，合理布局加工、配送、营销、休闲观光等配套设施，增强园区发展能力。把设施农业建设与农田水利基本建设、中低产田改造、农业综合开发结合起来，最大限度提高土地和水资源利用率。大力发展农业机械化，广泛推广应用微喷滴灌等装备，加大农产品质量检验检测、贮藏保鲜、冷链运输等设备投入，全面提高农业设施装备水平。

（三）注重打造特色。市农业高新技术开发区要突出高科技研发、成果转化、科普教育、产品加工、休闲观光等功能，打造现代高新农业发展综合体。各县（市）区现代农业科技示范园要立足区域特色，突出抓好农业实用技术集成创新、农业科技推广服务和休闲观光等项目。市级都市农业示范园区和现代农业特色品牌基地要突出培育主导产业，拓展农业功能，强化品牌打造，力争建设一批知名园区和基地。市级现代农业示范乡镇要突出抓好区域现代农业展示窗口建设，充分发挥典型示范和辐射带动作用。注重加强优势特色产品开发、营销和宣传，充分发挥林业、畜牧业在现代农业园区建设中的示范引领作用，实现农、林、牧功能融合，相得益彰。

（四）创新管理机制。积极引导农民专业合作社、农业龙头企业、工商企业和农业科研院所等参与现代农业园区建设；鼓励大学生、科技人员等到现代农业园区创业。现代农业园区用地坚持依法、自愿、有偿原则，采取承包、租赁、入股等方式，积极稳妥地引导园区内农村土地经营权流转，推进农业规模经营，既要保证园区用地，又要维护农民利益。积极推进现代农业园区市场化运作，明确企业化建设主体，按照法人投资、企业化经营、法人治理的管理模式，形成自主积累、滚动开发、规范管理、高效运转的良性发展机制。

三、扶持政策

统筹整合各类支农资金和项目，积极扶持现代农业园区建设。

（一）基础设施建设扶持。自 2012 年起，市财政每年在农业土地开发资金中安排不低于 1 亿元的发展资金，主要用于支持市农业高新技术开发区、市政府确定的 6 个现代农业科技示范园和部分具有一定规模的农业、林业、畜牧业示范园区的林网、路网、水网等基础设施建设扶持，并建立县（市）区申报、相关部门审核、财政综合平衡、市政府统一审定的工作机制。同时，加大林业、畜牧业园区建设投入力度。在不改变资金性质和用途的前提下，结合现代农业生产发展、小型农田水利重点县、高标准粮田建设、农业综合开发、"菜篮子"工程等资金使用，集中支持现代农业园区基础设施建设。

（二）园区专项扶持。围绕支持现代农业园做大做强，每年筛选 20 个现代农业特色品牌基地、30 家都市农业示范园区和 10 个现代农业示范乡镇，根据发展情况分别给予 20 万~30 万元扶持。

（三）规模经营扶持。现代农业园区经营主体一次性集中流转耕地 500 亩（含）以上和 1 000 亩（含）以上（畜牧园区 150 亩以上和 300 亩以上），且流转期限不低于 10 年的，分别给予 20 万元和 50 万元扶持。

（四）科技支撑扶持。凡引进省级以上科研院所、大专院校建立研发中心、中试基地、博士后工作站，且推广新品种、新技术、新模式、新工艺、新设施效果明显的现代农业园区，根据实际效果给予 10 万~20 万元扶持。

（五）保鲜物流扶持。鼓励现代农业园区主体开展农超、农校对接，支持冷藏保鲜设施建设。固定资产投资额在 300 万元（含）以上和 500 万元（含）以上，且用于冷藏保鲜设施建设的现代农业园区，分别给予 20 万元和 30 万元扶持；对购买相关配送车辆的现代农业园区按照有关规定给予一定资金扶持。

四、组织实施

　　各级各有关部门要充分认识加快推进现代农业园区建设的重要意义，加强领导，精心部署，强化措施，积极推进。市级现代农业园区实行"目标考核、优进劣汰"的动态管理机制，市农业、林业、畜牧兽医等部门要切实加强对现代农业园区建设的指导服务和管理评估；市发改部门要以现代农业园区建设为重要载体，积极做好重大农业项目争取、立项等工作；市科技部门要对现代农业园区有关科技项目加强指导和支持；市财政部门要加大投入，统筹安排相关建设资金；市国土资源部门要按照有关规定，落实现代农业园区建设、配套服务设施等农业用地政策；市水利部门要加强水利灌溉设施配套建设。相关部门、单位要按照职责分工，加强服务保障，互相支持配合，形成推进合力，确保工作落实。要充分发挥媒体作用，加大宣传力度，及时总结推广典型经验，营造良好舆论氛围，推进现代农业园区建设健康持续发展。

济南市人民政府办公厅

二〇一二年十二月十七日

附录2

农业部关于推进"三品一标"持续健康发展的意见

农质发〔2016〕第6号

各省、自治区、直辖市及计划单列市农业（农牧、农村经济）、畜牧兽医、农垦、农产品加工、渔业主管厅（局、委、办），新疆生产建设兵团农业（水产、畜牧兽医）局：

无公害农产品、绿色食品、有机农产品和农产品地理标志（以下简称"三品一标"）是我国重要的安全优质农产品公共品牌。经过多年发展，"三品一标"工作取得了明显成效，为提升农产品质量安全水平、促进农业提质增效和农民增收等发挥了重要作用。为进一步推进"三品一标"持续健康发展，现提出如下意见。

一、高度重视"三品一标"发展

（一）发展"三品一标"是践行绿色发展理念的有效途径。党的十八届五中全会提出"创新、协调、绿色、开放、共享"发展理念，"三品一标"倡导绿色、减量和清洁化生产，遵循资源循环无害化利用，严格控制和鼓励减少农业投入品使用，注重产地环境保护，在推进农业可持续发展和建设生态文明等方面，具有重要的示范引领作用。

（二）发展"三品一标"是实现农业提质增效的重要举措。现代农业坚持"产出高效、产品安全、资源节约、环境友好"的发展思路，提质、增效、转方式是现代农业发展的主旋律。"三品一标"通过品牌带动，推行基地化建设、规模化发展、标准化生产、产业化经营，有效提升了农产品品质规格和市场竞争力，在推动农业供给侧结构性改革、现代农业发展、农业增效农民增收和精准扶贫等方面具有重要的促进作用。

（三）发展"三品一标"是适应公众消费的必然要求。伴随我国经济发展步入新常态和全面建设小康社会进入决战决胜阶段，我国消费市场对农产品质量安全的要求快速提升，优质化、多样化、绿色化日益成为消费主流，安全、优质、品牌农产品市场需求旺盛。保障人民群众吃得安全优质是重要民生问题，"三品一标"涵盖安全、优质、特色等综合要素，是满足公众对营养健康农产品消费的重要实现方式。

（四）发展"三品一标"是提升农产品质量安全水平的重要手段。"三品一标"推行标准化生产和规范化管理，将农产品质量安全源头控制和全程监管落实到农产品生产经营环节，有利于实现"产"、"管"并举，从生产过程提升农产品质量安全水平。

二、明确"三品一标"发展方向

（一）发展思路。认真落实党的十八大和十八届三中、四中、五中全会精神，深入贯彻习近平总书记系列重要讲话精神，遵循创新、协调、绿色、开放、共享发展理念，紧紧围绕现代农业发展，充分发挥市场决定性和更好发挥政府推动作用，以标准化生产和基地创建为载体，通过规模化和产业化，推行全程控制和品牌发展战略，促进"三品一标"持续健康发展。

无公害农产品立足安全管控，在强化产地认定的基础上，充分发挥产地准出功能；绿色食品突出安全优质和全产业链优势，引领优质优价；有机农产品彰显生态安全特点，因地制宜，满足公众追求生态、环保的消费需求；农产品地理标志要突出地域特色和品质特性，带动优势地域特色农产品区域品牌创立。

（二）基本原则。一是严把质量安全，持续稳步发展。产品质量和品牌信誉是"三品一标"核心竞争力，必须严格质量标准，规范质量管理，强化行业自律，坚持"审核从紧、监管从严、处罚从重"的工作路线，健全退出机制，维护好"三品一标"品牌公信力。

二是立足资源优势，因地制宜发展。依托各地农业资源禀赋和产业发展基础，统筹规划，合理布局，认真总结"三品一标"成功发展模式和经验，充分发挥典型引领作用，因地制宜地加快发展。

三是政府支持推进，市场驱动发展。充分发挥政府部门在政策引导、投入支持、执法监管等方面的引导作用，营造有利的发展环境。牢固树立消费引领生产的理念，充分发挥市场决定性作用，广泛拓展消费市场。

（三）发展目标。力争通过5年左右的推进，使"三品一标"生产规模进一步扩大，产品质量安全稳定在较高水平。"三品一标"获证产品数量年增幅保持在6%以上，产地环境监测面积达到占食用农产品生产总面积的40%，获证产品抽检合格率保持98%以上，率先实现"三品一标"产品可追溯。

三、推进"三品一标"发展措施

（1）大力开展基地创建。着力推进无公害农产品产地认定，进一步扩大总量规模，全面提升农产品质量安全水平。在无公害农产品产地认定的基础上，大力推动开展规模化的无公害农产品生产基地创建。稳步推动绿色食品原料标准化基地建设，强化产销对接，促进基地与加工（养殖）联动发展。积极推进全国有机农业示范基地建设，适时开展有机农产品生产示范基地（企业、合作社、家庭农场等）创建。扎实推进以县域为基础的国家农产品地理标志登记保护示范创建，积极开展农产品地理标志登记保护优秀持有人和登记保护企业（合作社、家庭农场、种养大户）示范创建。

（2）提升审核监管质量。加快完善"三品一标"审核流程和技术规范，抓紧构建符合"三品一标"标志管理特点的质量安全评价技术准则和考核认定实施细则。严格产地环境监测、评估和产品验证检测，坚持"严"字当头，严把获证审查准入关，牢固树立风险意识，认真落实审核监管措施，加大获证产品抽查和督导巡查，防范系统性风险隐患。健全淘汰退出机制，严肃查处不合格产品，严格规范绿色食品和有机农产品标签标识管理；切实将无公害农产品标识与产地准出和市场准入有机结合，凡加施获证无公害农产品防伪追溯标识的产品，推行等同性合格认定，实施顺畅快捷产地准出和市场准入。严查冒用和超范围使用"三品一标"标志等行为。

（3）注重品牌培育宣传。加强品牌培育，将"三品一标"作为农业品牌建设重中之重。做好"三品一标"获证主体宣传培训和技术服务，督导获证产品正确和规范使用标识，不断提升市场影响力和知名度。加大推广宣传，积极办好"绿博会"、"有机博览会"、"地标农产品专展"等专业展会。要依托农业影视、农民日报、农业院校等现有各种信息网络媒体和教育培训公共资源，加强"三品一标"等农产品质量安全知识培训、品牌宣传、科普解读、生产指导和消费引导工作，全力为"三品一标"构建市场营销平台和产销联动合作机制，支持"三品一标"产品参加全国性或区域性展会。

（4）推动改革创新。结合国家现代农业示范区、农产品质量安全县等农业项目创建，加快发展"三品一标"产品。通过"三品一标"标准化生产示范，辐射带动农产品质量安全整体水平提升。围绕国家化肥农药零增长行动和农业可持续发展要求，大力推广优质安全、生态环保型肥料农药等农业投入品，全面推行绿色、生态和环境友好型生产技术。在无公害农产品生产基地建设中，积极开展减化肥减农药等农业投入品减量化施用和考核认定试点。积极构建"三品一标"等农产品品质规格和全程管控技术体系。加快推进"三品一标"信息化建设，鼓励"三品一标"生产经营主体采用信息化手段进行生产信息管理，实现生产经营电子化记录和精细化管理。推动"三品一标"产品率先建立全程质量安全控制体系和实施追溯管理，全面开展"三品一标"产品质量追溯试点。

（5）强化体系队伍建设。"三品一标"工作队伍是农产品质量安全监管体系的重要组成部分和骨干力量，要将"三品一标"队伍纳入全国农产品质量安全监管体系统筹谋划，整体推进建设。加强从业人员业务技能培训，完善激励约束机制，着力培育和打造一支"热心农业、科学公正、廉洁高效"的"三品一标"工作体系。"三品一标"工作队伍要按照农产品质量安全监管统一部署和要求，全力做好农产品质量安全监管的业务支撑和技术保障工作。充分发挥专家智库、行业协（学）会和检验检测、风险评估、科学研究等技术机构作用，为"三品一标"发展提供技术支持。

（6）加大政策支持。各级农业部门要积极争取同级财政部门支持，将"三品一标"工作经费纳入年度财政预算，加大资金支持力度。积极争取建立或扩大"三品一标"奖补政策与资金规模，不断提高生产经营主体和广大农产品生产者发展"三品一标"积极性。尽可能把"三品一标"纳入各类农产品生产经营性投资项目建设重点，并作为考核和评价现代农业示范区、农产品质量安全县、龙头企业、示范合作社、"三园两场"等建设项目的关键指标。

发展"三品一标"，是各级政府赋予农业部门的重要职能，也是现代农业发展的客观需要。各级农业行政主管部门要从新时期农业农村经济发展的全局出发，高度重视发展"三品一标"的重要意义，要把发展"三品一标"作为推动现代农业建设、农业转型升级、农产品质量安全监管的重要抓手，纳入农业农村经济发展规划和农产品质量安全工作计划，予以统筹部署和整体推进。各地要因地制宜制定本地区、本行业的"三品一标"发展规划和推动发展的实施意见，按计划、有步骤加以组织实施和稳步推进。要将"三品一标"发展纳入现代农业示范区、农产品质量安全县和农产品质量安全绩效管理重点，强化监督检查和绩效考核，确保"三品一标"持续健康发展，不断满足人民群众对安全优质品牌农产品的需求。

农业部

2016 年 5 月 6 日

附录3

绿色食品标志管理办法

农业部［2012］第6号

第一章 总 则

第一条　为加强绿色食品标志使用管理，确保绿色食品信誉，促进绿色食品事业健康发展，维护生产经营者和消费者合法权益，根据《中华人民共和国农业法》、《中华人民共和国食品安全法》、《中华人民共和国农产品质量安全法》和《中华人民共和国商标法》，制定本办法。

第二条　本办法所称绿色食品，是指产自优良生态环境、按照绿色食品标准生产、实行全程质量控制并获得绿色食品标志使用权的安全、优质食用农产品及相关产品。

第三条　绿色食品标志依法注册为证明商标，受法律保护。

第四条　县级以上人民政府农业行政主管部门依法对绿色食品及绿色食品标志进行监督管理。

第五条　中国绿色食品发展中心负责全国绿色食品标志使用申请的审查、颁证和颁证后跟踪检查工作。

省级人民政府农业行政主管部门所属绿色食品工作机构（以下简称省级工作机构）负责本行政区域绿色食品标志使用申请的受理、初审和颁证后跟踪检查工作。

第六条　绿色食品产地环境、生产技术、产品质量、包装贮运等标准和规范，由农业部制定并发布。

第七条　承担绿色食品产品和产地环境检测工作的技术机构，应当具备相应的检测条件和能力，并依法经过资质认定，由中国绿色食品发展中心按照公平、公正、竞争的原则择优指定并报农业部备案。

第八条　县级以上地方人民政府农业行政主管部门应当鼓励和扶持绿色食品生产，将其纳入本地农业和农村经济发展规划，支持绿色食品生产基地建设。

第二章 标志使用申请与核准

第九条　申请使用绿色食品标志的产品，应当符合《中华人民共和国食品安全法》和《中华人民共和国农产品质量安全法》等法律法规规定，在国家工商总局商标局核定的范围内，并具备下列条件：

（一）产品或产品原料产地环境符合绿色食品产地环境质量标准；

（二）农药、肥料、饲料、兽药等投入品使用符合绿色食品投入品使用准则；

（三）产品质量符合绿色食品产品质量标准；

（四）包装贮运符合绿色食品包装贮运标准。

第十条　申请使用绿色食品标志的生产单位（以下简称申请人），应当具备下列条件：

（一）能够独立承担民事责任；

（二）具有绿色食品生产的环境条件和生产技术；

（三）具有完善的质量管理和质量保证体系；

（四）具有与生产规模相适应的生产技术人员和质量控制人员；

（五）具有稳定的生产基地；

（六）申请前三年内无质量安全事故和不良诚信记录。

第十一条　申请人应当向省级工作机构提出申请，并提交下列材料：

（一）标志使用申请书；

（二）资质证明材料；

（三）产品生产技术规程和质量控制规范；

（四）预包装产品包装标签或其设计样张；

（五）中国绿色食品发展中心规定提交的其他证明材料。

第十二条　省级工作机构应当自收到申请之日起十个工作日内完成材料审查。符合要求的，予以受理，并在产品及产品原料生产期内组织有资质的检查员完成现场检查；不符合要求的，不予受理，书面通知申请人并告知理由。

现场检查合格的，省级工作机构应当书面通知申请人，由申请人委托符合第七条规定的检测机构对申请产品和相应的产地环境进行检测；现场检查不合格的，省级工作机构应当退回申请并书面告知理由。

第十三条　检测机构接受申请人委托后，应当及时安排现场抽样，并自产品样品抽样之日起二十个工作日内、环境样品抽样之日起三十个工作日内完成检测工作，出具产品质量检验报告和产地环境监测报告，提交省级工作机构和申请人。

检测机构应当对检测结果负责。

第十四条　省级工作机构应当自收到产品检验报告和产地环境监测报告之日起二十个工作日内提出初审意见。初审合格的，将初审意见及相关材料报送中国绿色食品发展中心。初审不合格的，退回申请并书面告知理由。

省级工作机构应当对初审结果负责。

第十五条　中国绿色食品发展中心应当自收到省级工作机构报送的申请材料之日起三十个工作日内完成书面审查，并在二十个工作日内组织专家评审。必要时，应当进行现场核查。

第十六条　中国绿色食品发展中心应当根据专家评审的意见，在五个工作日内作出是否颁证的决定。同意颁证的，与申请人签订绿色食品标志使用合同，颁发绿色食品标志使用证书，并公告；不同意颁证的，书面通知申请人并告知理由。

第十七条　绿色食品标志使用证书是申请人合法使用绿色食品标志的凭证，应当载明准许使用的产品名称、商标名称、获证单位及其信息编码、核准产量、产品编号、标志使用有效期、颁证机构等内容。

绿色食品标志使用证书分中文、英文版本，具有同等效力。

第十八条　绿色食品标志使用证书有效期三年。

证书有效期满，需要继续使用绿色食品标志的，标志使用人应当在有效期满三个月前向省级工作机构书面提出续展申请。省级工作机构应当在四十个工作日内组织完成相关检查、检测及材料审核。初审合格的，由中国绿色食品发展中心在十个工作日内作出是否准予续展的决定。准予续展的，与标志使用人续签绿色食品标志使用合同，颁发新的绿色食品标志使用证书并公告；不予续展的，书面通知标志使用人并告知理由。

标志使用人逾期未提出续展申请，或者申请续展未获通过的，不得继续使用绿色食品标志。

第三章　标志使用管理

第十九条　标志使用人在证书有效期内享有下列权利：

（一）在获证产品及其包装、标签、说明书上使用绿色食品标志；

（二）在获证产品的广告宣传、展览展销等市场营销活动中使用绿色食品标志；

（三）在农产品生产基地建设、农业标准化生产、产业化经营、农产品市场营销等方面优先享受相关扶持政策。

第二十条　标志使用人在证书有效期内应当履行下列义务：

（一）严格执行绿色食品标准，保持绿色食品产地环境和产品质量稳定可靠；

（二）遵守标志使用合同及相关规定，规范使用绿色食品标志；

（三）积极配合县级以上人民政府农业行政主管部门的监督检查及其所属绿色食品工作机构的跟踪检查。

第二十一条　未经中国绿色食品发展中心许可，任何单位和个人不得使用绿色食品标志。

禁止将绿色食品标志用于非许可产品及其经营性活动。

第二十二条　在证书有效期内，标志使用人的单位名称、产品名称、产品商标等发生变化的，应当经省级工作机构审核后向中国绿色食品发展中心申请办理变更手续。

产地环境、生产技术等条件发生变化，导致产品不再符合绿色食品标准要求的，标志使用人应当立即停止标志使用，并通过省级工作机构向中国绿色食品发展中心报告。

第四章　监督检查

第二十三条　标志使用人应当健全和实施产品质量控制体系，对其生产的绿色食品质量和信誉负责。

第二十四条　县级以上地方人民政府农业行政主管部门应当加强绿色食品标志的监督管理工作，依法对辖区内绿色食品产地环境、产品质量、包装标识、标志使用等情况进行监督检查。

第二十五条　中国绿色食品发展中心和省级工作机构应当建立绿色食品风险防范及应急处置制度，组织对绿色食品及标志使用情况进行跟踪检查。

省级工作机构应当组织对辖区内绿色食品标志使用人使用绿色食品标志的情况实施年度检查。检查合格的，在标志使用证书上加盖年度检查合格章。

第二十六条　标志使用人有下列情形之一的，由中国绿色食品发展中心取消其标志使用权，收回标志使用证书，并予公告：

（一）生产环境不符合绿色食品环境质量标准的；

（二）产品质量不符合绿色食品产品质量标准的；

（三）年度检查不合格的；

（四）未遵守标志使用合同约定的；

（五）违反规定使用标志和证书的；

（六）以欺骗、贿赂等不正当手段取得标志使用权的。

标志使用人依照前款规定被取消标志使用权的，三年内中国绿色食品发展中心不再受理其申请；情节严重的，永久不再受理其申请。

第二十七条　任何单位和个人不得伪造、转让绿色食品标志和标志使用证书。

第二十八条　国家鼓励单位和个人对绿色食品和标志使用情况进行社会监督。

第二十九条　从事绿色食品检测、审核、监管工作的人员，滥用职权、徇私舞弊和玩忽职守的，依照有关规定给予行政处罚或行政处分；构成犯罪的，依法移送司法机关追究刑事责任。

承担绿色食品产品和产地环境检测工作的技术机构伪造检测结果的，除依法予以处罚外，由中国绿色食品发展中心取消指定，永久不得再承担绿色食品产品和产地环境检测工作。

第三十条　其他违反本办法规定的行为，依照《中华人民共和国食品安全法》、《中华人民共和国农产品质量安全法》和《中华人民共和国商标法》等法律法规处罚。

第五章　附　则

第三十一条　绿色食品标志有关收费办法及标准，依照国家相关规定执行。

第三十二条　本办法自 2012 年 10 月 1 日起施行。农业部 1993 年 1 月 11 日印发的《绿色食品标志管理办法》（1993 农（绿）字第 1 号）同时废止。

附录4：

2017 年国家禁用和限用的农药目录

《中华人民共和国食品安全法》第四十九条规定：禁止将剧毒、高毒农药用于蔬菜、瓜果、茶叶和中草药材等国家规定的农作物；第一百二十三条规定：违法使用剧毒、高毒农药的，除依照有关法律、法规规定给予处罚外，可以由公安机关依照规定给予拘留。

2017 年国家禁用和限用的农药名录如下。

一、禁止生产销售和使用的农药名单（42 种）

六六六、滴滴涕、毒杀芬、二溴氯丙烷、杀虫脒、二溴乙烷、除草醚、艾氏剂、狄氏剂、汞制剂、砷类、铅类、敌枯双、氟乙酰胺、甘氟、毒鼠强、氟乙酸钠、毒鼠硅，甲胺磷、甲基对硫磷、对硫磷、久效磷、磷胺、苯线磷、地虫硫磷、甲基硫环磷、磷化钙、磷化镁、磷化锌、硫线磷、蝇毒磷、治螟磷、特丁硫磷、氯磺隆，福美肿、福美甲肿、胺苯磺隆单剂、甲磺隆单剂（38 种）

百草枯水剂自 2016 年 7 月 1 日起停止在国内销售和使用。

胺苯磺隆复配制剂、甲磺隆复配制剂自 2017 年 7 月 1 日起禁止在国内销售和使用。

三氯杀螨醇自 2018 年 10 月 1 日起，全面禁止三氯杀螨醇销售、使用。

二、限制使用的 25 种农药

中文通用名	禁止使用范围
甲拌磷、甲基异柳磷、内吸磷、克百威、涕灭威、灭线磷、硫环磷、氯唑磷蔬菜、果树、茶树、中草药材	
水胺硫磷	柑橘树
灭多威	柑橘树、苹果树、茶树、十字花科蔬菜
硫丹	苹果树、茶树
溴甲烷	草莓、黄瓜
氧乐果	甘蓝、柑橘树

（续表）

中文通用名	禁止使用范围
三氯杀螨醇、氰戊菊酯	茶树
杀扑磷	柑橘树
丁酰肼（比久）	花生
氟虫腈	除卫生用、玉米等部分旱田种子包衣剂外的其他用途

溴甲烷、氯化苦登记使用范围和施用方法变更为土壤熏蒸，撤销除土壤熏蒸外的其他登记。

毒死蜱、三唑磷自2016年12月31日起，禁止在蔬菜上使用。

2，4-滴丁酯不再受理、批准2，4-滴丁酯（包括原药、母药、单剂、复配制剂，下同）的田间试验和登记申请；不再受理、批准2，4-滴丁酯境内使用的续展登记申请。保留原药生产企业2，4-滴丁酯产品的境外使用登记，原药生产企业可在续展登记时申请将现有登记变更为仅供出口境外使用登记。

氟苯虫酰胺自2018年10月1日起，禁止氟苯虫酰胺在水稻作物上使用。

克百威、甲拌磷、甲基异柳磷自2018年10月1日起，禁止克百威、甲拌磷、甲基异柳磷在甘蔗作物上使用。

磷化铝应当采用内外双层包装。外包装应具有良好密闭性，防水防潮防气体外泄。自2018年10月1日起，禁止销售、使用其他包装的磷化铝产品。

补充：生产A级绿色食品禁止使用的农药

种类	农药名称	禁用作物	禁用原因
有机氯杀虫剂	滴滴涕、六六六、林丹、甲氧高残留DDT、硫丹	所有作物	高残毒
有机氯杀螨剂	三氯杀螨醇	蔬菜、水果、茶叶	工业品中含有一定数量的滴滴涕
有机磷杀虫剂	甲拌磷、乙拌磷、久效磷、对硫磷、甲基对硫磷、甲胺磷、甲基异柳磷、治螟磷、氧化乐果、磷胺、地虫硫磷、灭克磷、水胺硫磷、氯唑磷、硫线磷、杀扑磷、特丁硫磷、克线丹、苯线磷、甲基硫环磷	所有作物	剧毒、高毒
氨基甲酸酯杀虫剂	涕灭威、克百威、灭多威、丁硫克百威、丙硫克百威	所有作物	高毒、剧毒或代谢物高毒
二甲基甲脒类杀虫剂杀螨剂	杀虫脒	所有作物	慢性毒性、致癌

（续表）

种类	农药名称	禁用作物	禁用原因
拟除虫菊酯类杀虫剂	所有拟除虫菊酯类杀虫剂	水稻及其他水生作物	对水生生物毒性大
卤代烷类熏蒸杀虫剂	二溴乙烷、环氧乙烷、二溴氯丙烷、溴甲烷	所有作物	致癌、致畸、高毒
阿维菌素		蔬菜、果树	高毒
克螨特		蔬菜、果树	慢性毒性
有机砷杀菌剂	甲基胂酸锌（稻脚青）、甲基胂酸钙胂（稻宁）、甲基胂酸铵（田安）、福美甲胂、福美胂	所有作物	高残毒
有机锡杀菌剂	三苯基醋酸锡（薯瘟锡）、三苯基氯化锡、三苯基羟基锡（毒菌锡）	所有作物	高残毒、慢性毒性
有机汞杀菌剂	氯化乙基汞（西生力）、醋酸苯汞（赛力散）	所有作物	剧毒、高残留
有机磷杀菌剂	稻瘟净、异稻瘟净	水稻	异臭
取代苯类杀菌剂	五氯硝基苯、五氯苯甲醇（稻瘟醇）	所有作物	致癌、高残留
2、4D-化合物	除草剂或植物生长调节剂	所有作物	杂质致癌
二苯醚类除草剂	除草醚、草枯醚	所有作物	慢性毒性
除草剂	各类除草剂	蔬菜生长期（可用于土壤处理与芽前处理）	慢性毒性

编者说明

　　本书在编写过程中，参考和借鉴了部分专家、学者的科技著作和相关文献，采纳和吸收了部分科研单位的试验数据，并广泛征求了行业专家、基层工作者和技术人员的意见，在此表示衷心感谢！

　　编写过程中，虽然注意吸收了新的科研成果和劳动创造，但由于专业知识水平有限，加之时间紧张、工作量大，书中不当之处在所难免，敬请广大读者提出宝贵意见和建议，以便再版时修订。

编　者

2018. 11

济南市农高区"四园一校区"现代农业园概况

济南市农业高新技术开发区，位于济南市长清区平安街道办事处。始建于 1993 年，规划总面积 40 平方公里，核心区 10.2 平方公里，是省政府批准的全省第一家省级农业高新技术产业示范区，也是国内最早的农业科技园区之一。为适应经济发展新常态，推进市农高区发展，探索建立省会现代都市农业的发展模式，市政府大力推进"四园一校区"建设，着力把农高区打造成为科研人员的实验园、农业投资者的创业园、农民观摩学习的实训园、市民观光休闲的体验园。

济南市新型职业农民教育培训学校，校区面积21亩，总建设面积6253平方米，项目总投资3500万元，校区内办公、培训等服务设施一应俱全，可同时满足200人培训食宿，具备年集中培训20000人（次）的教学规模，承担新型职业农民培训、新型农民创业培训、全市1234农民教育培训工程、全市基层农业技术人员培训、全市农业系统专题培训等教学任务，作为全市重点工程"四园一校区"建设的核心节点，校区是集培训、实习、实践教学、校企合作、职业技能鉴定为一体的高水平、综合性农业示范实训基地，综合实力居全省农民教育培训、实训实践基地前列。

　　济南市现代都市农业精品园，园区面积110亩，双梁钢架结构高标准日光温室28座、占地15亩现代化智能温室1座以及占地10亩的越夏网室2座。是致力于农业高新技术的研发、推广及农业新品种、新模式种植示范的现代农业精品园，在精选果蔬种植、种植过程管理、园区规划设计、建设尖端设施农业等多方面处于行业领先地位。

济南农耕示范园，占地 180 亩，主要承载着露地农业生产、科研试验、示范推广、科普教育和休闲体验功能，与济南市现代都市农业精品园设施农业相得益彰、互为补充，进一步丰富农高区农业生产模式和科研基地建设。

济南市现代渔业示范园，占地 50 亩，园内建有室内设施渔业生产科研展示区 5000 平方米，室外工厂化养殖示范区 8000 平方米，园区坚持科技、环保、生态、节能、高效理念，配备先进的液氧增氧技术、四层底过滤闭循环水处理技术、鱼卵挂架孵化技术及高位池水处理系统等，能满足不同名优水产品种集约化高密度养殖的需求。形成了具有展示、示范、科研、生产等多种功能的综合性渔业示范园，集中展示了济南市现代渔业建设成就。

济南市生态能源示范园，现代都市农业精品园蔬菜废弃物综合利用沼气工程是市农高区"四园一校区"建设规划中生态能源示范园 I 期工程之一，也是国内首个利用陶瓷太阳能为沼气发酵罐增温的示范工程。工程总容积 210m³（有效发酵容积 120m³），年可处理各类蔬菜废弃物 300 吨以上，年产沼气 9000m³，沼肥 280 吨。

分布式光伏发电项目是济南市农高区"四园一校区"建设规划中生态能源示范园 II 期工程之一，也是省内现代农业示范园区中首家实现并网运行的分布式光伏电站，并实现了自发自用和余电入网。